Stefan Ebner / Andreas Scherer

Die wichtigsten Forstschädlinge

Insekten – Pilze – Kleinsäuger

6. Auflage

Leopold Stocker Verlag
Graz – Stuttgart

Umschlaggestaltung: Grafik Oberhofer, Villach

Bibliografische Information der Deutschen Nationalbibliothek
Die Deutsche Nationalbibliothek verzeichnet diese Publikation in der Deutschen Nationalbibliografie; detaillierte bibliografische Daten sind im Internet unter http://dnb.d-nb.de abrufbar.

Hinweis:
Dieses Buch wurde auf chlorfrei gebleichtem Papier gedruckt.
Die zum Schutz vor Verschmutzung verwendete Einschweißfolie ist aus Polyethylen chlor- und schwefelfrei hergestellt. Diese umweltfreundliche Folie verhält sich grundwasserneutral, ist voll recyclingfähig und verbrennt in Müllverbrennungsanlagen völlig ungiftig.

ISBN 978-3-7020-0914-4

Inhaltsverzeichnis

Vorwort

Das vorliegende Praxisbuch über die wichtigsten Forstschädlinge ist speziell für die forstliche Praxis, aber auch für Laien und Naturfreunde geschrieben und soll ihnen ermöglichen, den Urheber des Schadens nach dem Schadbild und nach dem verursachenden Schädling zu erkennen. Es ist besonders zu erwähnen, daß es sich dabei um Naturvorgänge handelt, welche nicht zu 100 Prozent festgelegt werden können.

Entstanden ist das Buch im Rahmen einer Diplomarbeit an der Höheren Lehranstalt für Forstwirtschaft in Bruck/Mur. Aus der Idee, ein Schulskriptum für den Unterricht und später eine CD-ROM-Version von diesem zu verfassen, entstand nach reiflichen Überlegungen dieses Praxisbuch. Es enthält ausführliche Beschreibungen über Vorkommen, Lebensweise, Erkennung, Schadbild und Maßnahmen gegen die Schädlinge. Namen von Bekämpfungsmitteln wurden bewußt vermieden, da sie einer ständigen Änderung unterliegen. Sie können jedoch, wenn nötig, in den aktuellen Pflanzenschutzmittelverzeichnissen nachgeschlagen werden. Die ausführlichen Beschreibungen werden durch eine Vielzahl von Farbfotografien und – bei Besonderheiten – durch Zeichnungen ergänzt. Aufgrund der beschränkten Zeit von nur einer Vegetationsperiode war es uns leider nicht möglich, alle Schädlinge in Natura aufzunehmen, diese wurden daher aus Sammlungen fotografiert.

Ein herzliches Dankeschön gilt Frau Dipl.-Ing. B. Gailberger für die Projekt- und Fachbetreuung, Herrn Prof. Dipl.-Ing. L. Stöger für die Durchsicht und Korrektur der Manuskripte sowie die vielen Ratschläge und einige Fotos, Herrn Prof. Dipl.-Ing. W. Veigl für die betriebswirtschaftliche und EDV-Betreuung, dem Leopold Stocker Verlag Graz, namentlich Dipl.-Ing. W. Gaigg, für die freundliche Aufnahme und die Verwirklichung unserer Projektidee, der FBVA in Wien, namentlich Dipl.-Ing. Dr. Ch. Tomiczek, Dr. T. Cech, Dipl.-Ing. C. Holzschuh, für die Betreuung sowie die Bereitstellung von Unterlagen und fehlenden Fotos und Herrn Markus Auer für die Erstellung der restlichen Fotografien.

Bruck, Frühjahr 2001 *Die Autoren*

Insekten

(Hexapoda)

Morphologie der Insekten

Die Insekten sind bilateral-symmetrisch (auf beiden Seiten gleich) und segmentiert (in verschiedene Segmente zerlegt) aufgebaut.
Sie gliedern sich grundsätzlich in drei Hauptabschnitte:

1. Kopf *(Caput)*
Dieser besteht aus der chitinisierten Kopfkapsel, auf welcher sich die Augen (Facettenaugen bzw. Punktaugen) befinden, sowie den Extremitäten des Kopfes (Fühler, Mundwerkzeuge).

2. Brust *(Thorax)*
Unterteilt sich in drei Abschnitte:
Vorderbrust *(Prothorax)*, Mittelbrust *(Mesothorax)*, Hinterbrust *(Metathorax)*.
Von den drei Beinpaaren befindet sich auf jedem Abschnitt ein Paar. Die Vorderflügel befinden sich auf der Mittel-, die Hinterflügel auf der Hinterbrust.

3. Hinterleib *(Abdomen)*
Das Abdomen dient als Behälter für den Großteil des Darms, des Fettkörpers und der Kreislauforgane. Zusätzlich liegen die Geschlechtsöffnungen, After und Eilegeapparat (beim ♀) auf dem Abdomen. Der Hinterleib besteht aus 11 Segmenten. Im 8. und 9. Segment befinden sich die Geschlechtsorgane.

Die Insekten sind meist getrenntgeschlechtlich, das heißt, sie pflanzen sich hauptsächlich zweigeschlechtlich fort. Es kommt jedoch auch eingeschlechtliche (parthenogenetische) Fortpflanzung vor (z. B. Blattläuse, div. Hautflügler). Hinsichtlich ihrer Entwicklung unterscheidet man zwischen den flügellosen Urinsekten ohne Metamorphose bzw. Verwandlung *(Ametabola)*, den Insekten mit unvollkommener *(Hemimetabola)* und jenen mit vollkommener Verwandlung *(Holometabola)*. Die Larven der *Hemimetabola* ähneln der Imago (fertiges Insekt, Vollkerf) und verwandeln sich stufenweise in Häutungen (z.B. Maulwurfsgrille, Heuschrecke). Die vollkommene Verwandlung der *Holometabola* beinhaltet ein Puppenstadium, in welchem sich die Larve, die sich von der Imago deutlich unterscheidet, sich meist auch anders ernährt, zum fertigen Kerf entwickelt (z.B. Käfer, Schmetterlinge).

Der gesamte Körper ist von einer harten, hornartigen Chitinhülle (Chitinpanzer) umgeben. Die sehr gut entwickelten Geruchsorgane befinden sich auf den Fühlern (Antennen). Das Blut (Hämolymphe), welches als Transportmittel dient, ist meist farblos und wird von einem schlauchartigen, am Rücken liegenden Herz frei in den Körper gepumpt. Die Atmung erfolgt mittels seitlich liegender Atemlöcher (Stigmen), welche zu Luftröhren (Tracheen) führen, die den ganzen Körper durchdringen und alle Organe mit Sauerstoff versorgen. Das Zentralnervensystem befindet sich an der Bauchseite und ist strickleiterartig aufgebaut.

Nachfolgend werden die Holometabola-Ordnungen (Käfer, Schmetterlinge und Hautflügler) beschrieben, wobei hier nur jene Familien erwähnt werden, die als bedeutende Forstschädlinge gelten.

Käfer (Coleoptera)

Charakteristik: Die Käfer besitzen zu Flügeldecken *(Elytren)* umfunktionierte Vorderflügel, die in Ruhe den Hinterleib meist vollkommen überdecken (Schutz des Abdomens). Sie werden im Flug bei den meisten Arten wie Tragflächen nach außen gespreizt. Käfer besitzen kauende Mundwerkzeuge. Ihre Vorderbrust wird am Rücken Halsschild genannt. Die Käfer durchlaufen eine vollkommene Verwandlung. Die Larven weisen einen sklerotisierten Kopf und kauende Mundwerkzeuge auf. Man unterscheidet zwischen beinlosen und sechsbeinigen Larven. Die Puppen sind stets freie Puppen *(Pupa libera),* das heißt sie bilden im Gegensatz zu den Schmetterlingen keine Puppenhülle aus, die Extremitäten sind frei, und der fertige Käfer ist bald erkennbar.

Ökologie: Die Lebensweise der einzelnen Arten ist sehr unterschiedlich und deshalb bei den verschiedenen Familien erläutert.

Forstliche Bedeutung: Bei den Käfern können sowohl die fertigen Kerfe als auch die Larven bedeutende Schäden im Forst anrichten. Es sind aber auch Arten vertreten, die aufgrund ihrer räuberischen Lebensweise zu den Nützlingen des Waldes gezählt werden (z.B. Marienkäfer, Ameisenbuntkäfer, Laufkäfer).

Borkenkäfer *(Scolytidae)*

Charakteristik: Die Käfer sind klein, walzenförmig und hinsichtlich der Färbung braun bis schwarz (frisch geschlüpft heller braun). Am Kopf, der mehr oder weniger vom Halsschild bedeckt ist, befinden sich die geknieten Fühler mit einer Keule. Die Flügeldecken *(Elytren)* bedecken den gesamten Hinterleib *(Abdomen)* und enden häufig mit einem gezähnten Absturz, welcher als wichtiges Erkennungsmerkmal herangezogen wird.
Die wülstigen Larven sind beinlos, bauchwärts gekrümmt, weißlich, mit einem gelblich-braun chitinisierten Kopf.

Man unterscheidet drei Unterfamilien:

Splintkäfer *(Scolytinae)*

Die Splintkäfer sind gekennzeichnet durch horizontal nach hinten verlaufende Flügeldecken, wodurch sie keinen Absturz ausbilden. Der Bauch ist

ab dem 2. Segment zum Ende hin steil schräg ansteigend und der Kopf von oben sichtbar. Die Schienen der Beine sind glatt, in einem Hakenzahn endend, und das dritte Fußglied ist zweilappig auslaufend.
Sie kommen fast ausschließlich an Laubhölzern vor und zählen hinsichtlich ihrer Brutbiologie zu den Rindenbrütern.
Hervorzuheben sind die Ulmensplintkäfer, die wegen der Übertragung des Ulmensterbens besonders unangenehm sind.

Häufige Arten:

Großer Ulmensplintkäfer *(Scolytus scolytus)*
Kleiner Ulmensplintkäfer *(Scolytus multistriatus)*
Eichensplintkäfer *(Scolytus intricatus)*
Großer Birkensplintkäfer *(Scolytus ratzeburgi)*

Bastkäfer *(Hylesininae)*

Bei den Bastkäfern bilden die Flügeldecken am hinteren Ende einen Absturz, der bei fast allen Arten ohne Zähne ausgebildet ist. Der Bauch verläuft leicht schräg nach oben, und der Kopf ist von oben sichtbar. Die Schienen sind mit Sklerotinzähnchen besetzt, das dritte Fußglied läuft ebenfalls zweilappig aus.
Sie kommen im Laub- und Nadelholz vor und zählen zu den Rindenbrütern.

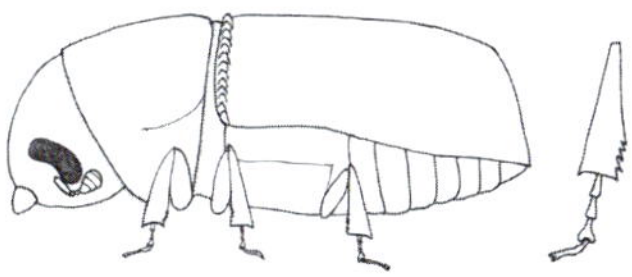

Häufige Arten:

Riesenbastkäfer *(Dendroctonus micans)*
Schwarzer Fichtenbastkäfer *(Hylastes cunicularius)* – Kulturschädling
Doppeläugiger Fichtenbastkäfer *(Polygraphus poligraphus)*
Großer Waldgärtner *(Tomicus piniperda)*
Kleiner Waldgärtner *(Tomicus minor)*
Schwarzer Kiefernbastkäfer *(Hylastes ater)*
Kleiner bunter Eschenbastkäfer *(Hylesinus fraxini)*
Großer schwarzer Eschenbastkäfer *(Hylesinus crenatus)*

Echte Borkenkäfer *(Ipinae)*

Die Echten Borkenkäfer sind am besten aufgrund ihres steilen, eingedrückten Absturzes, der meist mit verschieden vielen Zähnen besetzt ist, zu erkennen (jedoch besitzen nicht alle dieses Merkmal). Der Bauch verläuft relativ gerade nach hinten, und der Kopf ist von oben nicht sichtbar. Die Schienen sind mit Sklerotinzähnchen besetzt, das dritte Fußglied ist zylinderförmig.

Die Käfer kommen wiederum je nach Art im Laub- und Nadelholz vor und gehören je nach Brutbiologie zu den Rinden- oder Holzbrütern.

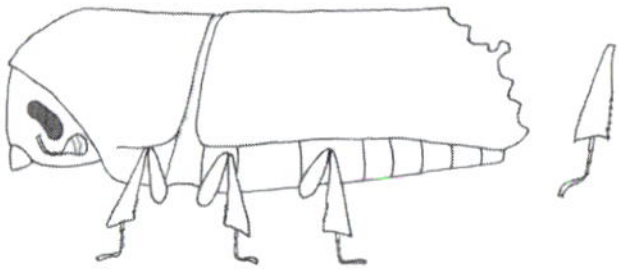

Häufige Arten:

Buchdrucker *(Ips typographus)*
Kupferstecher *(Pityogenes chalcographus)*
Kleiner achtzähniger Fichtenborkenkäfer *(Ips amitinus)*
Nadelnutzholzbohrer *(Trypodendron lineatum)*
Achtzähniger Lärchenborkenkäfer *(Ips cembrae)*
Zwölfzähniger Kiefernborkenkäfer *(Ips sexdentatus)*
Zweizähniger Kiefernborkenkäfer *(Pityogenes bidentatus)*
Vierzähniger Kiefernborkenkäfer *(Ips bistridentatus)*
Sechszähniger Kiefernborkenkäfer *(Ips acuminatus)*
Kleiner Tannenborkenkäfer *(Cryphalus piceae)*
Mittlerer Tannenborkenkäfer *(Ips vorontzowi)*
Krummzähniger Tannenborkenkäfer *(Pityokteines curvidens)*
Eichenholzbohrer *(Xyleborus monographus)*
Ungleicher Holzbohrer *(Xyleborus dispar)*

Ökologie: Es ist auffällig, daß viele Borkenkäferarten ausgesprochen monophag sind, sie befallen meist nur eine bestimmte Baumart oder allenfalls verwandte Gattungen. Meist ist die Fraßpflanze auch die Brutpflanze. Typisch ist auch der Vorkommensbereich an der Pflanze, wonach

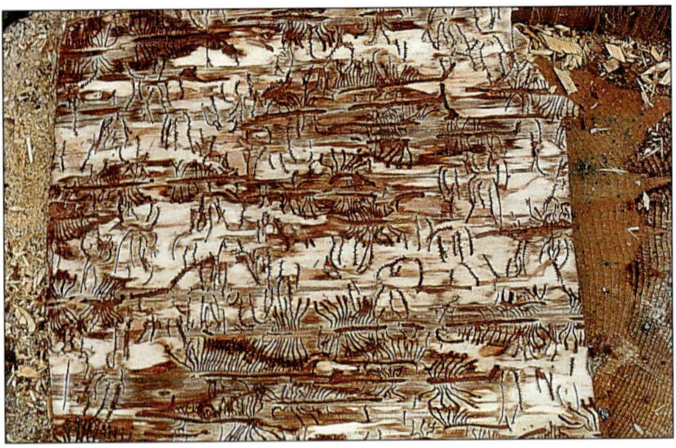

Gesellschaft von Buchdrucker und Kupferstecher

Borkenkäferkalamität im Nationalpark Bayerischer Wald

manche Arten nur an den dünnrindigen Bereichen der Krone, der Äste oder in Stangenhölzern vorkommen. Andere benötigen wiederum die starkrindigen Bereiche im unteren Stammteil. Dies führt dazu, daß ein von Borkenkäfern befallener Baum häufig nicht nur von einer Art allein befressen wird. Ein häufig auftretendes Beispiel ist die Gesellschaft von Buchdrucker *(Ips typographus)* und Kupferstecher *(Pityogenes chalcographus)* bzw. Doppeläugigem Fichtenbastkäfer *(Polygraphus poligraphus)*.

Brutbiologie der Borkenkäfer

RINDENBRÜTER MIT BRUTFÜRSORGE

Die Flugzeit der Käfer wird von der Temperatur (Früh- oder Spätschwärmer) bestimmt. Die ♂ werden in monogame (einweibige) und polygame (mehrweibige) unterteilt.
Monogam: Das ♀ nagt das Eingangsloch in die Rinde, welches schräg nach oben verläuft, damit das Bohrmehl herausfallen kann. Anschließend nagt es den Muttergang und gibt dann Pheromone ab, um ♀ und ♂ auf den brutfähigen Baum aufmerksam zu machen.
Polygam: Das ♂ nagt das Eingangsloch und die Rammelkammer, die sich entweder im Bast oder im Splint befindet. Danach gibt das ♂ Pheromone ab, um andere Käfer anzulocken, vorzüglich die ♀, die in der Rammelkammer begattet werden.

Die ♀ legen die Eier (ca. 20–70) im Muttergang – entweder einzeln oder gehäuft – in bereits vorgenagte Einischen ab. Während das ♀ den Muttergang baut, bringt das ♂ das Bohrmehl ins Freie. Zu diesem Zweck werden außen auch sogenannte „Luftlöcher“ gebohrt, die jedoch eher dazu dienen, das Bohrmehl auf verkürztem Wege aus dem Gang zu bringen.
Bei den monogamen Rindenbrütern kann es zur Mehrfachbegattung kommen, wenn neuanfliegende ♂ durch die Luftlöcher in den Gang eindringen.
Die Larven fressen anfangs meist rechtwinklig zum Muttergang, später kommen sie jedoch häufig von ihrer ursprünglichen Richtung ab. Mit zunehmender Größe der Larven nimmt auch die Breite der Gänge zu. Die Länge dieser Gänge wie auch die der Muttergänge variiert von Art zu Art sehr stark. Die Larvengänge enden schließlich in den Puppenwiegen, welche in der Rinde, aber auch im Splint sein können. Dort verpuppen sich die Larven, wobei einige Arten noch vor der Verpuppung ein Flugloch nach außen nagen und es mit Bohrmehl zustopfen. Andere wiederum bohren erst nach dem Schlüpfen ein eigenes Flugloch.
Außer dem eigentlichen Brutfraß der geschlechtsreifen Käfer vollführen die Jungkäfer einen Reifungsfraß. Dieser kann direkt von der Puppenwiege aus vollzogen werden oder er erfolgt an anderen Pflanzenteilen, wodurch weitere Schäden entstehen und Pilze übertragen werden.

Holzbrüter mit Brutpflege (Ambrosiakäfer)

Die ♀ nagen die Muttergänge und die von diesen nach oben und unten angelegten Einischen in das Holz. Dabei bringen sie die Pilzkulturen der Ambrosiapilze auf die Gangwände, von denen sich die Käfer und später die Larven ernähren. Der Pilz selbst ernährt sich an den Wänden vom Holz, wobei er eine gewisse Feuchtigkeit benötigt. Anfangs ist der Pilz weiß gefärbt, mit der Zeit nimmt er jedoch aufgrund der Zersetzungserscheinungen an der Gangwand eine schwärzliche Färbung an (Wertverluste).
Das ♂ hilft bei der Anlage des Brutsystems nicht, eine Ausnahme bildet der Linierte Laubnutzholzborkenkäfer *(Trypodendron signatum)*. Das ♀ säubert jedoch den Muttergang und entfernt die Exkremente der Larven aus den Brutgängen.
Die Larven nagen von den Einischen aus mehr oder weniger lange Leitergänge.
Nach dem Schlüpfen fressen die Jungkäfer weiter an den nährstoffreichen Pilzsporen und verlassen schließlich, im Gegensatz zu den Rindenbrütern, das Brutsystem durch die von der Mutter gebohrte Eingangsröhre.

Forstliche Bedeutung: In Naturwäldern haben Borkenkäfer einen großen Stellenwert, da sie Bäume, die bereits kränkeln und physiologisch geschwächt sind, durch Sekundärbefall zum völligen Absterben bringen, wodurch diese von Destruenten völlig zersetzt werden können, um Biomasse zu erzeugen.
In Wirtschaftswäldern haben Borkenkäfer den Ruf, die größten und regelmäßigsten Waldzerstörer zu sein. Viele der Bestände, in denen die Käfer vermehrt auftreten, sind aufgrund der geringen Standortangepaßtheit der Bäume und der Anlage von Monokulturen besonders für den Befall disponiert. Da diese Bäume mit den standörtlichen Faktoren Probleme haben, sind sie immer wieder vorübergehend gefährdet. Es kommt aber auch gelegentlich andernorts zum Befall, da zum Beispiel Katastrophen und Klimaextreme den Baum kurzfristig schwächen.
Problematisch ist vor allem die Feststellung, daß Borkenkäfer bei Nahrungsmangel aufgrund Massenbefalls dazu neigen, primär zu werden. Das bedeutet, daß sie dann auch gesunde Bäume befallen.
Die folgenden Bereiche der Erkennung und Bekämpfung eines Borkenkäferbefalls am stehenden Baum beziehen sich aufgrund der Tatsache, daß die Fichte als „Brotbaum" der Forstwirtschaft gehandelt wird, bevorzugt auf jene Arten, die an der Fichte vorkommen, und hier vornehmlich auf die beiden häufigsten Arten, den Buchdrucker und den Kupferstecher.

Erkennen eines Befalls

- Braunes Bohrmehl an der Rinde (in Rindenritzen), an Spinnweben oder an der Bodenvegetation
- Frischer Harzfluß im Bereich der Einbohrlöcher, sogenannte „Harztrichter"
- Vergilben und Verfärben der Nadeln bei Frühjahrsbefall, bei Sommerbefall oft erst im nächsten Jahr
- Lokal abgehende Rinde und Wipfeldürre (im fortgeschrittenen Stadium, Käfer meist schon ausgeflogen)

Bekämpfung: Grundsätzlich ist es Aufgabe des Waldbaus, standort-angepaßte Baumarten zu wählen, um ein Käferbefallsrisiko von vornherein zu minimieren. Mischbestände sind weitaus resistenter. Überdies kommen aufgrund der größeren Artenvielfalt mehr natürliche Feinde vor (z.B. Spechte, spezielle Hautflügler – Schlupfwespen).
Sollte es bereits zu einem Befall gekommen sein oder ein anderer Primärschaden (Witterung, Raupenkahlfraß) aufgetreten sein, ist es unbedingt notwendig, die befallenen Bäume sofort aus dem Bestand zu entfernen, aufzuarbeiten und abzutransportieren (Waldhygiene), wobei alte Käferbäume ohne Rinde keine Gefahr mehr darstellen.

Um einen weiteren Befall zu vermeiden, kommen zwei Arten der Populationssenkung in unseren Wäldern zum Tragen.

Fangbäume

Hierbei werden bruttaugliche Bäume rechtzeitig geschlägert und in den Käferherden ausgelegt, um den Befall durch die in der Bodenstreu überwinternden Käfer vom stehenden Bestand auf die Fangbäume zu lenken. Die Bäume werden rechtzeitig vor dem Ausflug der zweiten Generation aufgearbeitet und abtransportiert.
Es sollten hierfür nur gesunde Bäume aus der Oberschicht verwendet werden, die zumindest 10 m von den nächsten befallsgefährdeten Bäumen entfernt gelagert werden. Um die Käfer, die im Boden überwintern, anzulocken, sollte ein Fangbaum für je zwei befallene Bäume des Vorjahres bereits 2–3 Wochen vor Flugbeginn der Jungkäfer ausgebracht werden (klimatische Verhältnisse beachten). Bereits 2–3 Wochen nach dem ersten starken Flug der Käfer sind die Bäume abzutransportieren, um einen Ausflug der Altkäfer und infolge Geschwisterbruten zu vermeiden. Überdies müssen immer wieder Kontrollen durchgeführt werden, wobei ab einem Einbohrloch/dm^2 Rindenoberfläche der Stamm abtransportiert und durch einen neuen ersetzt werden sollte.

Pheromonfallen

Das Aufstellen von Pheromonfallen, um die Käfer anzulocken und zu fangen, hat sich – nach jahrelanger Skepsis – doch als sinnvolle Alternative zur traditionellen Fangbaumlegung erwiesen.
Zum Einsatz kommen hauptsächlich „Fallensterne“, bei denen die Falle im Grundriß sternförmig aufgebaut ist. Diese müssen bereits vor dem Käferflug errichtet und ständig kontrolliert werden, um die Pheromone – je nach Ausbringungsdauer des Präparates und den Klimaverhältnissen – entsprechend zu erneuern (ca. alle 6–8 Wochen). Die Fallen müssen ebenfalls einen Mindestabstand zu den nächsten befallsgefährdeten Bäumen aufweisen. Dieser beträgt ca.15–20 m (ca. 1 Baumlänge), wobei die Umgebung immer wieder auf Stehendbefall kontrolliert werden muß. Die Population ist regelmäßig abzuschöpfen.

Rüsselkäfer (*Curculionidae*)

Charakteristik: Die kleinen bis mittelgroßen Käfer haben einen je nach Art kürzeren oder längeren Rüssel und gekniete Fühler. Die Larven sind weißlich, augen- und beinlos, bauchwärts gekrümmt und haben

einen hornigen Kopf. Die Puppen sind am ausgebildeten Rüssel bereits erkennbar.
Man unterscheidet zwischen Kurz-, Breit- und Langrüßlern.

Ökologie: Die Käfer bewegen sich meist langsam fort, einige Arten lassen sich bei Gefahr zu Boden fallen und stellen sich tot. Das ♀ nagt, im Gegensatz zu den Borkenkäfern *(Scolytidae),* die sich ins Pflanzengewebe einfressen, mit dem Rüssel ein Loch, in welches sie die Eier ablegt.

Forstliche Bedeutung: Einige Arten sind sehr bedeutend, wobei bei manchen die Käfer die Schäden (Reifungs- und Ernährungsfraß) verursachen, während der Larvenfraß unbedeutend ist (Großer brauner Rüsselkäfer – *Hylobius abietis*). Bei anderen Arten ist der Käferfraß im Gegensatz zum Larvenfraß unbedeutend (*Pissodes*-Arten).

Häufige Arten:

Großer brauner Rüsselkäfer *(Hylobius abietis)*
Kleiner brauner Rüsselkäfer *(Hylobius pinastri)*
Großer schwarzer Rüsselkäfer *(Otiorhynchus niger)*
Kleiner schwarzer Rüsselkäfer *(Otiorhynchus ovatus)*
Harzrüßler *(Pissodes harcyniae)*
Grauer Kiefernnadelrüßler, Gem. Graurüßler *(Brachyderes incanus)*
Kiefernkulturrüßler *(Pissodes castaneus = notatus)*
Kiefernstangenrüßler *(Pissodes piniphilus)*
Kiefernaltholzrüßler *(Pissodes pini)*
Weißtannenrüßler *(Pissodes piceae)*
Erlenwürger *(Cryptorrhynchus lapathi)*
Buchenspringrüßler *(Rhynchaenus fagi)*
Eichenspringrüßler *(Orchestes quercus)*
Grünrüßler *(Phyllobius arborator)*

Prachtkäfer (Buprestidae)

Man unterscheidet zwei Typen: *Buprestis*-Typ und *Agrilus*-Typ

Charakteristik: Die metallisch glänzenden Käfer sind meist farbenprächtig und haben kurze Fühler. Die Larven sind weiß, augen- und fußlos, beim *Buprestis*-Typ ist der erste Brustring (Prothoraxsegment) deutlich verbreitert (kochlöffelförmig), beim *Agrilus*-Typ ist das Hinterleibsende mit 2 sklerotisierten Spitzen besetzt.

Ökologie: Die flinken Käfer sieht man meist auf Blüten, Blättern, Baumstämmen oder auf Holzstößen. Flugzeit in den Sommermonaten. Die Eiablage erfolgt mittels Legeröhre in Rindenrisse. Die Larven fressen zwischen Rinde und Splint gerne geschlängelte Gänge, die meist mit Bohrmehl in wolkiger Anordnung (weißliche und bräunliche Lagen wechseln sich ab) gefüllt sind (wichtiges Unterscheidungsmerkmal gegenüber den Bockkäfern). Die beiden Typen verlassen nach der Verpuppung den Gang auf verschiedene Weise: Der *Buprestis*-Typ dreht sich im Gang um und verläßt ihn durch die Eingangsöffnung, der *Agrilus*-Typ kann sich nicht umdrehen und bohrt den Gang weiter nach außen – 2 Löcher. Das Ausflugloch ist elliptisch oder queroval.
Meist mehrjährige Generation (2–3 Jahre).

Forstliche Bedeutung: Meist Sekundärschädlinge, wobei die Larven häufig das Absterben der befallenen Baumteile verursachen. Die Käfer sind forstlich unschädlich.

Häufige Arten:

- **Großer Kiefernprachtkäfer** *(Chalcophara mariana)*
- **Blauer Kiefernprachtkäfer** *(Phaenops cyanea)*
- **Vierpunktkiefernprachtkäfer** *(Anthaxia quadripunctata)*
- **Buchen-(Laubholz-)Prachtkäfer** *(Agrilus viridis)*
- **Zweipunktiger Eichenprachtkäfer** *(Agrilus biguttatus)*
- **Zweibindiger Eichenprachtkäfer** *(Coroebus bifasciatus)*
- **Goldgrubeneichenprachtkäfer** *(Chrysobothris affinis)*

Bockkäfer (Cerambycidae)

Charakteristik: Die Käfer sind mittelgroß bis groß und deutlich an den langen Fühlern, bei welchen das 2. Glied immer am kleinsten ist, zu erkennen. Die Larven sind weißlich, walzenförmig, mit einem chitinisierten, braunen Kopf. Sie ähneln jenen der Prachtkäfer, haben jedoch auf der Ober- und Unterseite Kriechwülste. Die Thorakelbeine (Brustbeine) sind bei den einzelnen Unterfamilien verschieden stark ausgebildet. Die Puppen sind an den bereits ausgebildeten, anliegenden Fühlern erkennbar.
Man unterscheidet vier Unterarten:

Prioninae

Die Käfer sind groß und dunkelbraun gefärbt. Die Larven besitzen deutlich ausgeprägte Beine.

Häufige Arten: Mulmbock *(Ergates faber)*

Lepturinae

Eher kleine bis mittelgroße Käfer mit einem länglichen Kopf, welcher häufig hinter den Augen eingeschnürt ist. Die Larven besitzen gut ausgebildete Beine.

Häufige Arten:

Spürender Zangenbock *(Rhagium inquisitor)*
Zweibindiger Zangenbock *(Rhagium bifasciatum)*
Bissiger Zangenbock *(Rhagium mordax)*
Großer Zangenbock *(Rhagium sycophanta)*
Rothalsbock *(Leptura rubra)*

Cerambycinae

Mittelgroße bis große Arten mit einem schräg nach vorne geneigten Kopf. Die Ausfluglöcher der Jungkäfer sind oval. Die Larven haben eher reduzierte Beine.

Häufige Arten:

Fichtenbock *(Tetropium castaneum)*
Kl. Wespenbock *(Caenoptera minor)*
Hausbock *(Hylotrupes bajulus)*
Lärchenbock *(Tetropium gabrieli)*
Gr. Eichenbock *(Cerambyx cerdo)*
Eichenwidderbock *(Plagionotus arcuatus)*
Buchenspießbock *(Cerambyx scopolii)*
Waldbock, Rollenschröter *(Spondylis buprestoides)*
Moschusbock *(Aromia moschata)*
Widderbock *(Clytus arietis)*

Lamiinae

Die Käfer sind mittelgroß bis groß, ihr Kopf ist senkrecht nach unten gestellt. Die Ausfluglöcher der Jungkäfer sind meist rund. Die Larven sind beinlos.

Häufige Arten:

Zimmerbock *(Acanthocinus aedilis)*
Schneiderbock *(Monochamus sartor)*
Schusterbock *(Monochamus sutor)*
Gr. Pappelbock *(Saperda carcharias)*

Kleiner Pappelbock, Aspenbock *(Saperda populnea)*
Kiefernzweigbock *(Pogonochaerus fasciculatus)*
Bäckerbock *(Monochamus galloprovincialis)*

Ökologie: Generationsdauer je nach Art verschieden, zwischen ein und vier Jahre. Die Käfer fliegen in den ersten Sommermonaten und halten sich meist an Blüten, Pflanzen, Stöcken oder liegendem Holz auf. Sie ernähren sich während der kurzen Lebenszeit gar nicht oder von Blütenstaub bzw. ausfließendem Baumsaft, seltener sind sie auch Blattfresser. Die größeren Arten beißen zu ihrer Verteidigung zu. Die Larven fressen unter der Rinde und im Holz unregelmäßig gewundene Gänge. Die Verpuppung erfolgt entweder in einem hakenförmigen, ins Holz gehenden Gang (Hakengang) oder unter der Rinde in einem Nest aus Nagespänen (Spanpolsterpuppenwiege).

Forstliche Bedeutung: Die Larven schädigen den Baum sowohl physiologisch (Larvenfraß im Bast) als auch technisch (Hakengang). Da sie sich jedoch nur langsam vermehren und zum Teil eine lange Entwicklung haben, besteht die Gefahr einer bestandesgefährdenden Massenvermehrung jedoch nicht. Einige Arten sind auch bedeutende Sekundärschädlinge bei länger liegengebliebenem Schadholz (zur Vorsorge rasche Aufarbeitung von Schadholz bzw. Fällung von primär geschädigten Bäumen).

Blatthornkäfer (Scarabaeoidae)

Gehören mit den Hirschkäfern und Schrötern *(Lucanidae)* zu der Familienreihe der *Lamellicorniae.*

Charakteristik: Große, auffallende Käfer mit geknieten Fühlern, bei denen die letzten 3–7 Glieder in einer Blätterkeule enden. Die Larven, die sogenannten Engerlinge, sind bauchwärts typisch C-förmig gekrümmt, weißlich und haben 3 gut entwickelte Beinpaare. Der Kopf der augenlosen Larven ist bräunlich, mit deutlich ausgeprägten Kiefern. Am sackartig verdickten Hinterende schimmert der Darminhalt dunkel durch.

Ökologie: Die Käfer wirken in ihrem Aussehen und im Flug eher plump. Sie fliegen meist abends und fressen nachts. Die Engerlinge leben versteckt unter der Erde, in anbrüchigem Holz oder im Mist, und weisen eine mehrjährige Entwicklung auf. Die Verpuppung erfolgt ebenfalls dort.

Forstliche Bedeutung: Vor allem die Maikäfer können aufgrund des

Käferfraßes, aber auch des Engerlingsfraßes, besonders in Forstgärten bedeutende Schäden verursachen.

Häufige Arten:

Feldmaikäfer *(Melolontha melolontha)*
Waldmaikäfer *(Melolontha hippocastani)*
Junikäfer *(Amphimallon solstitiale)*
Julikäfer *(Anomala dubia)*
Walker *(Polyphylla fullo)*
Waldmistkäfer *(Geotrupes stercorosus)*
Gartenlaubkäfer *(Phyllopertha horticola)*
Gem. Goldkäfer, Rosenkäfer *(Cetonia aurata)*

Blattkäfer (*Chrysomelidae*)

Charakteristik: Die Käfer sind eher klein, meist halbkugelig und häufig metallisch-glänzend. Die sechsbeinigen Larven haben Fühler und Augen, sind meist schwarz und mit Warzen besetzt.

Ökologie: Die Käfer leben an den Blättern ganz bestimmter Pflanzenarten, welche sie auch lochartig befressen. Sie sind aber auch an anderen Pflanzen (Standpflanzen) zu sehen. Die Larven leben bei den meisten Arten frei auf den Blättern, welche sie skelettieren (nur die Blattnerven bleiben erhalten). Die Verpuppung erfolgt meist an den Blättern frei hängend, seltener im Boden. Die geschlüpften Käfer überwintern unter Laub oder Rinde sowie im Boden.

Forstliche Bedeutung: Der Kahlfraß verursacht bei Massenvermehrung einen Schaden, der besonders auffällig ist (z.B. Erle). Von größerer Bedeutung in der Landwirtschaft (Kartoffelkäfer – *Leptinotarsa decemlineata*).

Häufige Arten:

Pappelblattkäfer *(Melasoma populi)*
Aspenblattkäfer *(Melasoma tremulae)*
Gelber Kiefernblattkäfer *(Cryptocephalus pini)*
Schwarzbrauner Kiefernblattkäfer *(Luperus pinicola)*
Blauer Erlenblattkäfer *(Agelastica alni)*
Blauer Weidenblattkäfer *(Phyllodecta vulgatissima)*
Behaarter Weidenblattkäfer *(Galerucella lineola)*
Gelber Weidenblattkäfer *(Lochmea capreae)*
Eichenerdfloh *(Haltica quercetorum)*

Werftkäfer (Lymexylonidae)

Charakteristik: Die Käfer sind langgestreckt, beinahe walzenförmig und weich, die Flügeldecken klaffen am Ende etwas auseinander. Ausgesprochener Geschlechtsdimorphismus, wobei die ♀ größer sind als die ♂. Die ♂ haben lamellenförmige Kieferntaster.
Die Larven sind lang, weißlich, sechsbeinig mit kapuzenförmiger Vorderbrust (Prothorax), das letzte Segment ist spitzen- oder blasenförmig verlängert.

Ökologie: Die Käfer und Larven findet man v.a. im Laubholz – in Stöcken, Baumskeletten und in gefälltem Holz. Auffällig ist die frühe Flugzeit im Jahr. Die Larven ernähren sich von einem Ambrosiapilz *(Endomyces hylecoeti)*, mit dem sie in Symbiose leben. Aufgrund des Einflusses dieses Pilzes färbt sich das Holz im Gangbereich braun.

Forstliche Bedeutung: Die von den Larven gefertigten, langen Gänge verursachen eine technische Schädigung des Holzes. Deshalb wird eine rasche Abfuhr des Nutzholzes empfohlen.

Häufige Arten:

Bohrkäfer, Sägehörniger Werftkäfer *(Hylecoetus dermestoides)*
Schiffswerftkäfer *(Lymexylon navale)* – hauptsächlich an Eiche

Laufkäfer (Carabidae)

Charakteristik: Die Käfer sind schlank, gestreckt und besitzen lange kräftige Laufbeine. Auf der Oberseite der Flügeldecken finden sich meist vertiefte Längsrinnen sowie Reihen von Pünktchen und Grübchen. Die meisten größeren Arten sind flugunfähig.
Die Larven sind meist dunkel, langgestreckt, besitzen 3 Beinpaare und ein chitinisiertes Brustschild.

Ökologie: Die Käfer sind sehr schnell und laufen vorzugsweise nachts oder in der Dämmerung, bei Tag verstecken sie sich meist unter Steinen oder anderen Schlupfwinkeln. Sie ernähren sich hauptsächlich vom Fleisch lebender Kerfe in jedem Entwicklungsstadium sowie von Schnecken. Manche fressen auch Aas oder pflanzliche Teile. Die Beute wird meist von hinten oder der Seite angegriffen und in Löchern mit unregelmäßigem Rand angefressen, wobei die Beute selten ganz verspeist wird. Die Käfer sondern ein Verdauungssekret ab, welches sie bei Gefahr auch ausspritzen. Viele haben Stinkdrüsen am Hinterende.

Die Eier werden einzeln abgelegt, die Larven entsprechen in der Lebensweise den Käfern, die Verpuppung erfolgt im Boden.
Als natürliche Feinde gelten unter anderem Vögel, Spitzmäuse, Maulwurf, Fuchs, Dachs, Igel und Schlupfwespen.

Forstliche Bedeutung: Obwohl manche der Laufkäfer (z.B. Behaarter Schnelläufer – *Harpalus pubescens*) hin und wieder Schäden in Forstgärten anrichten (Keimlingsfraß), gelten die meisten Arten aufgrund ihrer räuberischen Lebensweise als bedeutende Nützlinge.

Häufige Arten:

- **Behaarter Schnelläufer** *(Harpalus pubescens)*
- Großer Puppenräuber *(Calosoma sycophanta)*
- Kleiner Kletterlaufkäfer *(Calosoma inquisitor)*
- Goldglänzender Laufkäfer *(Carabus auronitens)*
- Lederlaufkäfer *(Carabus coriaceus)*
- Goldleiste *(Carabus violaceus)*

Nage-, Poch- oder Klopfkäfer *(Anobiidae)*

Charakteristik: Die Käfer sind klein, dunkel und walzenförmig, sie ähneln den Borkenkäfern, haben jedoch im Gegensatz zu diesen gekämmte oder gesägte Fühler (bei *Ipiden* gekniet und gekeult). Die Larven sind bauchwärts engerlingsförmig (C-förmig) gekrümmt, deutlich sechsbeinig und weißlich.

Ökologie: Die Käfer und Larven leben meist versteckt in abgestorbenem oder bereits verarbeitetem Holz, wie z.B. Dachstühlen oder Möbeln. Manche Arten sind deutlich hörbar, da sie auf das Holz klopfen (Totenuhr). Die Larven, die sog. Holzwürmer, fressen unter der Holzoberfläche unregelmäßige Gänge. Die Verpuppung erfolgt im Holz. Die Käfer schlüpfen durch kreisrunde, kleine Fluglöcher ins Freie, wobei sie herabgerieseltes Bohrmehl hinterlassen.

Forstliche Bedeutung: Die Larven können im verarbeiteten Holz, wie Möbeln, Schnitzereien, Dachstühlen und Parkettböden, verheerende Schäden anrichten.

Häufige Arten:

- **Gemeiner Nagekäfer, Trotzkopf** *(Anobium punctatum)*
- Gekämmter Nagekäfer *(Ptilinus pectinicornis)*
- Bunter Nagekäfer *(Xestobium rufovillosum)*

Schmetterlinge (Lepidoptera)

Charakteristik: Die auch Schuppenflügler genannten Tiere sind gekennzeichnet durch ihre großen Komplexaugen, ihren einrollbaren Saugrüssel sowie die, bei fast allen Arten, zweipaarigen, häutigen Flügel, welche von dachziegelartig übereinandergelegten Schuppen (abgeplattete Haare) bedeckt sind. Die Färbung der Flügel verleiht den Schmetterlingen ein entweder farblich sehr auffallendes (Tagfalter) oder tarnendes (Nachtfalter) Aussehen. An der Brust *(Thorax)* ist die Vorderbrust *(Prothorax)* am kleinsten und die Mittelbrust *(Mesothorax)* am größten. Die einzelnen Brustabschnitte sind miteinander verwachsen. Das vordere Flügelpaar befindet sich am *Mesothorax* und ist größer als die Hinterflügel. Bei manchen Arten (z.B. Gemeiner Frostspanner, Schlehenspinner) sind die Flügel des ♀ rückgebildet.
Die sogenannten Raupen, die sich während der Entwicklung meist vier- bis fünfmal häuten, besitzen einen hornartigen Kopf mit kauenden Mundwerkzeugen. Die endgültige Entwicklung zum Falter findet in der Puppe statt, welche eine sogenannte bedeckte Puppe (Mumienpuppe – *Pupa obtecta*) ist. Zum Schutz der Puppen fertigen manche Arten einen Kokon oder ein Gespinst. Sie sind meist 16beinig, die Spannerraupen jedoch 10beinig, wobei immer drei Paar Brustbeine vorhanden sind.

Unterscheidungsmerkmale zwischen Schmetterlingsraupen und Afterraupen der Blattwespen

Die Sohlen der Bauchbeine von Schmetterlingsraupen sind entweder ringsum (Kranzfuß) oder nur halbkreisförmig (Klammerfuß) mit Chitinhäkchen ausgebildet, während die der Afterraupen keine Chitinhäkchen aufweisen. Ein leichteres Erkennungsmerkmal ist jedoch, daß bei den Schmetterlingsraupen zumindest das erste und das zweite Hinterleibssegment fußlos sind, bei den Afterraupen hingegen nur das erste. Überdies sind Afterraupen entweder 8-, 18-, 20- oder 22beinig.

Ökologie: Schmetterlinge vollziehen eine vollkommene Verwandlung. Sie ernähren sich, sofern sie überhaupt Nahrung zu sich nehmen, von flüssiger Nahrung, wie Blütennektar und Baumsäften. Dabei werden die Tagfalter von den Farben der Blüten angelockt, während die Nachtfalter vom Duft der Säfte angezogen werden. Die ♀ legen die Eier bereits an den Nährpflanzen ab, das heißt, daß sie Brutfürsorge betreiben.

Überwinternde Eier werden hauptsächlich an Rinden und Knospen abgelegt. Die Raupen der meisten Arten sind phytophag (pflanzenfressend) und leben auf, in oder zwischen teilweise versponnenen Pflanzenteilen.

Forstliche Bedeutung: Die Raupen einzelner Arten können aufgrund ihres Nadel- bzw. Blattfraßes wirtschaftlich von großer Bedeutung sein. Gefahr besteht vor allem bei jenen Arten, die zu Massenvermehrungen neigen (z.B. Nonne, Schwammspinner, Forleule, Frostspanner).

Trägspinner *(Lymantriidae)*

Charakteristik: Die plumpen, meist behaarten Falter sind mittelgroß bis groß. Sie besitzen sehr breite Flügel und einen stark ausgeprägten Sexualdimorphismus. Das ♂ hat am Hinterleib einen Afterbusch, das ♀ einen Ring von Afterwolle. Außerdem sind beim ♂ die Fühler doppelkammzähnig, beim ♀ kurz gekämmt oder gezähnt. Die Flügel werden in Ruhe dachförmig getragen, wobei die Vorderflügel häufig eine deutliche Zick-zack-Zeichnung aufweisen. Die Hinterflügel hingegen sind meist ohne Zeichnung. Die Raupen sind 16beinig und auf den Warzenreihen oder auf den mittleren Ringen behaart.

Ökologie: Die Falter fliegen meist in der Nacht. Die Verpuppung erfolgt an der Fraßpflanze. Die Puppe ist häufig mit Haaren besetzt.

Forstliche Bedeutung: Einige der Arten neigen zu Massenvermehrungen, wobei es häufig zu Kahlfraß kommt.

Häufige Arten:

- **Nonne** *(Lymantria monacha)*
- **Schwammspinner** *(Lymantria dispar)*
- Buchenrotschwanz *(Dasychira pudibunda)*
- Schlchenspinner *(Orgya recens)*

Eulen *(Noctuidae)*

Charakteristik: Die eher dunklen Falter sind je nach Art in der Größe sehr verschieden. Sie tragen die Flügel in Ruhe meist dachförmig, wobei die sogenannte Eulenzeichnung auf den Vorderflugeln auffällt. Diese besteht aus den nach ihrer Form als „Ring-“ und „Nierenmakel“ bezeichneten Flecken sowie den Wellenlinien. Die ♂ und ♀ variieren nur sehr wenig. Die Raupen sind meist nackt und haben 16 Beine, wobei bei manchen Arten die ersten zwei bzw. vier Beine reduziert sind.

Ökologie: Die Falter fliegen in der Dämmerung oder während der Nacht.

Forstliche Bedeutung: Besonders an Nadelhölzern kann der Raupenfraß (Keimlingsfraß) zu starken Schäden führen.

Häufige Arten:

Forleule, Kieferneule *(Panolis flammea)*
Wintersaateule *(Agrotis segetum)*
Kiefernsaateule *(Agrotis vestigalis)*

Spanner *(Geometridae)*

Charakteristik: Die mittelgroßen, tagfalterähnlichen Falter haben große, in Ruhestellung meist breit und flach ausgebreitete Flügel. Die Hinterflügel sind dann ganz sichtbar oder nur zu einem geringen Teil von den Vorderflügeln bedeckt. Nur in Ausnahmefällen sind die Flügel aufgestellt wie bei den Tagfaltern. Die Falter sind aufgrund ihrer charakteristischen Sprenkelung in der Flügelzeichnung sehr gut als Spanner anzusprechen. Bei manchen Arten sind die Flügel beim ♀ stark reduziert oder gar nicht vorhanden. Die Raupen sind dünn und besitzen meist nur 10 Beine, wobei die letzten beiden Paare, die Nachschieber, als Klammerorgane dienen.

Ökologie: Die meisten der Spanner fliegen in der Dämmerung oder während der Nacht, nur wenige Arten auch am Tag. Die Gruppe der Frostspanner ist gekennzeichnet durch Flugzeiten bei tieferen Temperaturen (Herbst, Frühjahr). Die Raupen sind aufgrund ihrer Fortbewegungsart leicht erkennbar. Sie bewegen sich „spannend" fort, das heißt, daß sie sich abwechselnd krümmen und strecken, wobei sie dabei einen „Katzenbuckel" bilden. In Ruhe oder bei Gefahr halten sie sich nur mit den Hinterfüßen fest und strecken den Körper vom Boden weg, so daß sie einem kleinen Zweig ähneln.

Forstliche Bedeutung: Kahlfraß der Raupen an verschiedenen Laubhölzern (Eiche, Buche, Obstbäume).

Häufige Arten:

Kiefernspanner *(Bupalus piniarius)*
Gemeiner Frostspanner *(Operophthera brumata)*
Großer Frostspanner *(Erannis defoliaria)*
Buchenfrostspanner *(Operophthera fagata)*

Prozessionsspinner (Thaumetopoeidae)

Charakteristik: Eher kleine, plumpe Falter, mit einer abstehenden, wollig behaarten Brust. Der Sexualdimorphismus ist bei den Fühlern nicht so stark ausgeprägt (♀ etwas kürzere), eher am Hinterleib. Dieser ist beim ♂ mit einem Afterbusch, beim ♀ mit einem Ring von Afterwolle bedeckt. Die Flügel werden in Ruhe dachförmig angelegt. Die Raupen sind kurz behaart und mit regelmäßigen, langen Borsten ausgestattet, welche ab dem 3. Raupenstadium giftig sind und bei Mensch und Tier Hautentzündungen hervorrufen.

Ökologie: Die Raupen leben gesellig in Gespinsten und marschieren abends in Prozessionen vom Nest zur Fraßstelle.

Forstliche Bedeutung: Manche Arten neigen zu Massenvermehrungen, wobei die Raupen an der Fraßpflanze einen Kahlfraß verursachen. Außerdem gelten sie als hygienische Schädlinge, weil die Gifthaare, wie erwähnt, Hautentzündungen und – bei empfindlichen Personen – durch Einatmen sogar Asthmaanfälle auslösen können.

Häufige Arten:

Eichenprozessionsspinner *(Thaumetopoea processionea)*
Pinien- oder Fichtenprozessionsspinner *(Thaumetopoea pityocampa)*
Kiefernprozessionsspinner *(Thaumetopoea pinivora)*

Holzbohrer (Cossidae)

Charakteristik: Die großen und plumpen Falter sind dicht behaart und haben kräftige, in Ruhe dachförmige Flügel. Die größeren ♀ besitzen am Hinterleibsende eine Legeröhre. Die großen Raupen sind 16beinig, kaum behaart, haben ein glänzendes Nackenschild und besitzen ein kräftiges Gebiß. Die Puppen sind an den Stacheln am Hinterleib erkennbar.

Ökologie: Die Falter fliegen in der Nacht und legen ihre Eier an verschiedene Laubhölzer. Die Raupen leben im Holz, wo sie sich auch in einem mit Nagespänen vermischten Gespinst verpuppen. Die Puppe arbeitet sich noch vor dem Schlüpfen aus ihrer Puppenwiege (Kokon) hervor.

Forstliche Bedeutung: Die Falter gelten aufgrund des Raupenfraßes als physiologische und technische Schädlinge.

Häufige Arten:

Weidenbohrer *(Cossus cossus)*
Blausieb *(Zeuzera pyrina)* – Harthölzer wie Esche und Obstbäume

Wickler *(Tortricidae)*

Charakteristik: Die kleinen Falter sind an den dreieckigen Flügeln, die sie in Ruhe breit dachförmig tragen, leicht zuerkennen. Der Sexualdimorphismus ist oft in Färbung und Zeichnung zu ersehen. Die Flügel sind am Rand kurz befranst. Die kleinen Raupen sind 16beinig und sehr beweglich.

Ökologie: Die kleinen Falter fliegen vorwiegend während der Dämmerung. Die Raupen haben ein starkes Spinnvermögen, sie leben meist in versponnenen Blättern und Nadeln, aber auch in Knospen und Trieben.

Forstliche Bedeutung: Einige Arten sind forstwirtschaftlich sehr bedeutend, manche auch gefürchtete Obstbaumschädlinge.

Häufige Arten:

Kiefernknospentriebwickler *(Rhyacionia buoliana)*
Kieferntriebwickler *(Rhyacionia duplana)*
Kiefernknospenwickler *(Blastethia turionella)*
Tannentriebwickler *(Choristoneura murinana)*
Fichtennestwickler *(Epinotia tedella)*
Grauer Lärchenwickler *(Zeiraphera diniana)*
Grüner Eichenwickler *(Tortrix viridana)*

Sackträgermotten *(Coleophoridae)*

Ökologie: Die Falter sind klein. Die kleinen Raupen minieren in der Jugend ohne Sack in Nadeln oder Blättern. Später leben sie in Säckchen, welche sie aus abgeschnittenen Nadel- und Blattstücken gefertigt haben. Die Säckchen sind je nach Alter verschieden.

Forstliche Bedeutung: Vor allem die häufig vorkommende Lärchenminiermotte ist von größerer Relevanz.

Häufige Arten: **Lärchenminiermotte** *(Coleophora laricella)*

Plutellidae

Ökologie: Kleine Falter. Die Raupen minieren und fressen an der Blattoberseite oder leben in einem leichten Gespinst.

Häufige Arten: **Eschenzwieselmotte** *(Prays curtisellus)*

Hautflügler (Hymenoptera)

Charakteristik: Kennzeichen sind die zwei Paar häutigen Flügel, die durchsichtig erscheinen und deutlich geädert sind. Die Vorderflügel sind deutlich größer als die Hinterflügel, bei manchen Arten sind die Flügel überhaupt reduziert (z.B. Ameisen). Die Mundteile sind zum Lecken oder Saugen ausgebildet, an den Vorderbeinen befinden sich Putzapparate. Die ♀ besitzen am Hinterende einen Legeapparat.

Ökologie: Die Fortpflanzung ist überwiegend zweigeschlechtlich, Parthenogenese (Eingeschlechtlichkeit) ist ebenso möglich. Die Lebensweise der einzelnen Arten ist sehr verschieden, allgemein gültig ist die Entwicklung der Afterraupe zur Puppe. Die Verpuppung – meist innerhalb eines Kokons – erfolgt zu einer freien Puppe *(Pupa libera)*.

Forstliche Bedeutung: Die Afterraupen einiger Arten (z. B. Blatt- und Holzwespen) sind forstlich relevant. Einzig die Blattwespen neigen zu Massenvermehrungen und sind daher forstlich sehr schädlich. Die meisten Arten sind Parasiten (z.B. Schlupf-, Erz-, Brackwespen) oder Räuber und spielen als Gegenspieler im Ökosystem eine wichtige Rolle. Andere Arten (z.B. Gallwespen) sind hingegen belanglos.

Gespinstblattwespen *(Pamphiliidae)*

Charakteristik: Die Wespen sind durch einen eher flachen, breiten Hinterleib sowie lange Fühler gekennzeichnet. Sie besitzen keine Wespentaille, die ♀ haben eine kurze, einziehbare Legeröhre. Die achtbeinigen Afterraupen haben keine Bauchbeine, jedoch Fühler und Aftergriffel bzw. Nachschieber.

Ökologie: Die Afterraupen leben in eigens gefertigten Gespinströhren oder in sackartigen Gespinsten, die meist klebrig sind, so daß der Kot darin hängen bleibt. Sie werden deshalb auch häufig als Kotsackblattwespen bezeichnet.

Forstliche Bedeutung: Einige Arten neigen zu Massenvermehrungen und sind aufgrund ihres Larvenfraßes bedeutend.

Häufige Arten:

Stahlblaue Kieferngespinstblattwespe *(Acantholyda erythrocephala)*
Große Kieferngespinstblattwespe *(Acantholyda posticalis)*
Kiefernkulturgespinstblattwespe, Kiefernkotsackblattwespe *(Acantholyda hieroglyphica)*
Fichtengespinstblattwespe *(Cephalcia abietis)*
Lärchengespinstblattwespe *(Cephalcia lariciphila)*

Buschhornblattwespen *(Diprionidae)*

Charakteristik: Die eher kleinen, langsam fliegenden Wespen haben einen breiteren Körperbau. Charakteristisch sind die beim ♂ dicht- und langgekämmten Fühler (Buschhörner), welche beim ♀ kürzer gekämmt sind. Die Afterraupen sind 22beinig.

Ökologie: Die trägen ♀ legen die Eier in Eitaschen mehr oder weniger tief in den Nadeln ab. Die Larven, welche sich von den Nadeln ernähren, nehmen bei Gefährdung eine U-förmige Schreckstellung ein, wobei Kopf und Hinterleibsende vom Boden abgehoben werden. Die Verpuppung erfolgt meist im Boden.

Forstliche Bedeutung: Besonders drei Arten neigen immer wieder zu Massenvermehrungen, welche jedoch nur sehr selten einen Kahlfraß zur Folge haben. Der Befall führt jedoch zu Zuwachsverlusten, und der Bestand wird anfälliger gegenüber Sekundärschädlingen (Borkenkäfer, Rüsselkäfer).

Häufige Arten:

Gem. Kiefernbuschhornblattwespe *(Diprion pini)*
Rotgelbe Kiefernbuschhornblattwespe *(Neodiprion sertifer)*
Blasse Kiefernbuschhornblattwespe *(Gilpinia pallida)*

Echte Blattwespen *(Tenthredinidae)*

Charakteristik: Die kleinen bis mittelgroßen Wespen besitzen meist einfache, fadenförmige Antennen. Die Afterraupen sind mit 20 oder 22 Beinen ausgestattet.

Ökologie: Sehr verschieden, die meisten Afterraupen sind jedoch Blattfresser.

Forstliche Bedeutung: Vor allem die Kleine Fichtenblattwespe neigt immer wieder zu Massenvermehrungen.

Häufige Arten:

Kleine Fichtenblattwespe *(Pristiphora abietina)*
Große Lärchenblattwespe *(Pristiphora erichsonii)*
Kleine schwarze Lärchenblattwespe *(Pristiphora laricis)*

Holzwespen (*Siricidae*)

Charakteristik: Die großen, kräftigen, zylindrischen Wespen verfügen über einen ausgesprochenen Sexualdimorphismus, wobei die Geschlechter verschieden gefärbt und die ♀ deutlich größer als die ♂ sind. Die ♀ verfügen außerdem noch über einen starken, weit vorgestreckten Legebohrer. Die Flügel werden in Ruhe am Körper flach angelegt. Die langgestreckten weißen Larven haben sechs verkümmerte Brustbeine. Am Hinterleibsende befindet sich ein kurzer, aufwärts gerichteter Stachel, der zum Stopfen des Bohrmehls im Fraßgang dient.

Ökologie: Je nach Art mehrjährige Generationen. Die Wespen sind aufgrund ihres lauten, schwirrenden Geräusches während des Fluges gut hörbar. Die ♀ legen die Eier mit Hilfe des Legebohrers in stehende oder frisch gefällte Bäume bzw. Stöcke mit oder ohne Rinde. Dabei impfen sie das Holz mit einem holzzerstörenden Pilz. Die Larve frißt einen im Querschnitt kreisrunden Gang, der an Dicke zunimmt. Die Bohrgänge sind bogenförmig und weichen später nach innen ab. In der Folge wendet sich die Larve wieder der Rinde zu und verpuppt sich am Ende des dicht mit gleichfarbigem Bohrmehl verstopften Ganges. Typisch sind die kreisrunden Löcher, durch welche die geschlüpften Wespen das Holz wieder verlassen.

Forstliche Bedeutung: Das Holz wird technisch entwertet, wobei die Wespen aufgrund der langen Entwicklungsdauer manchmal erst aus bereits verbautem Holz schlüpfen. Die Fraßgänge sind so dicht mit Bohrmehl verstopft, daß sie bei der Holzbearbeitung oft gar nicht auffallen.

Häufige Arten:

Riesenholzwespe *(Urocerus gigas)*
Blaue Kiefernholzwespe *(Sirex juvencus)*
Schwarze Fichtenholzwespe *(Xeris spectrum)*

Ameisen (Formicidae)

Charakteristik: Polymorph (vielgestaltig), ersichtlich durch geflügelte ♂ und ♀ (Königinnen) sowie ungeflügelte Arbeiterinnen.

Ökologie: Die Ameisen leben gesellig in Haufen am Waldboden oder in Nestern. Sie ernähren sich von tierischen und pflanzlichen Resten, von Larven, Raupen, Käfern etc., von Süßigkeiten aus Pflanzen sowie vom Honigtau der Blattläuse, welche sie solange streicheln, bis die Läuse den Saft ausscheiden. Man unterscheidet Königinnen, die sich auf das Eierlegen konzentrieren, Arbeiterinnen (Brutpflege, Nestbau, Nahrungsbeschaffung) und Männchen. Die geflügelten ♂ und ♀ verlassen im Sommer das Nest zum Hochzeitsflug. Danach sterben die ♂, und die befruchteten ♀ verlieren ihre Flügel und gründen eine eigene Kolonie.

Forstliche Bedeutung: Die Ameisen gelten in erster Linie als Nützlinge, da ihre Grabtätigkeiten bodenverbessernd wirken, sie zu den Zersetzern zählen und natürliche Feinde verschiedener Schädlinge sind. Um Ameisenhaufen bleiben die Bäume von Schädlingen (ausgenommen Blattläuse) verschont (sog. „grüne Insel"). Schädlich sind aus forstwirtschaftlicher Sicht vor allem die Roßameisen, die durch Wunden in stehende Bäume eindringen und diese zum Bau ihrer Nester benutzen. Diese befinden sich fast ausschließlich im Kernholz und erreichen eine Höhe von bis zu 10 Metern. Da das Splintholz kaum besiedelt wird, bleibt der Baum lange lebensfähig. Der Schaden ergibt sich durch das Zerstören des unteren Stammteiles, der wirtschaftlich am wertvollsten ist.

Häufige Arten:

- **Roßameise, Riesenameise** *(Camponotus herculeanus)*
- Rote Waldameise *(Formica rufa)*

Flugzeitenliste der bedeutendsten Insekten

Deutsche Bezeichung *(lat. Bezeichnung)*	März	April	Mai	Juni	Juli	August	Sept.	Okt.	Nov.
Buche									
Bohrkäfer *(Hylecoetus dermestoides)*									
Buchblattbaumlaus *(Phyllaphis fagi)*									
Buchennutzholzborkenkäfer *(Trypodendron domesticum)*									
Buchenprachtkäfer *(Agrilus viridis)*									
Buchenspießbock *(Cerambyx scopolii)*									
Buchenspringrüßler *(Rhynchaenus fagi)*									
Buchen-Wollschildlaus *(Cryptococcus fagisuga)*									
Ungleicher Holzbohrer *(Xyleborus dispar)*									
Eiche									
Eichenholzbohrer *(Xyleborus monographus)*									
Eichenprozessionsspinner *(Thaumetopoea processionea)*									
Eichensplintkäfer *(Scolytus intricatus)*							evtl.		
Eichenspringrüßler *(Rhynchaenus quercus)*									
Eichenwidderbock *(Plagionotus arcuatus)*									
Feldmaikäfer *(Melolontha melolontha)*									
Gemeiner Frostspanner *(Operophthera brumata)*									
Goldgruben-, Eichenprachtkäfer *(Chrysobothris affinis)*									
Großer Eichenbock *(Cerambyx cerdo)*									
Großer Frostspanner *(Erannis defoliaria)*									
Grüner Eichenwickler *(Tortrix viridana)*									
Schwammspinner *(Lymantria dispar)*									

Deutsche Bezeichnung *(lat. Bezeichnung)*	März	April	Mai	Juni	Juli	August	Sept.	Okt.	Nov.
Waldmaikäfer *(Melolontha hippocastani)*									
Zweibindiger Eichenprachtkäfer *(Coraebus bifasciatus)*									
Zweipunktiger Eichenpracktkäfer *(Agrilus biguttatus)*									
Fichte									
Buchdrucker *(Ips typographus)*									
Doppeläugiger Fichtenbastkäfer *(Polygraphus polygraphus)*									
Fichtenbock *(Tetropium castaneum)*									
Fichtengespinstblattwespe *(Cephalcia abietis)*									
Fichtennestwickler *(Epinotia tedella)*									
Große Fichtengallenlaus *(Sacciphantes viridis)*				auf Fi.	Wechsel	auf Lärche			
Großer brauner Rüsselkäfer *(Hylobius abietis)*						evtl.			
Großer schwarzer Rüsselkäfer *(Otiorhynchus niger)*									
Harzrüßler *(Pissodes harcyniae)*						evtl.			
Hausbock *(Hylotrupus bajulus)*									
Kleine Fichtenblattwespe *(Pristiphora labietina)*									
Kleine Fichtengallenlaus *(Adelges laricis)*					Wechsel	auf Lärche			
Kleiner achtzähniger Fichtenborkenkäfer *(Ips amitinus)*				auf Fi.					
Kleiner Wespenbock *(Molorchus minor)*									
Kupferstecher *(Pityogenes chalcographus)*									
Maulwurfsgrille *(Gryllotalpa gryllotalpa)*									
Linierter Nutzholzborkenkäfer *(Typodendron lineatum)*					evtl.				
Nonne *(Lymantria monacha)*									
Riesenbastkäfer *(Dendroctonus micans)*									
Riesenholzwespe *(Urocerus gigas)*									
Schneiderbock/Schusterbock *(Monochamus sartor / M. sutor)*									

Deutsche Bezeichnung *(lat. Bezeichnung)*	März	April	Mai	Juni	Juli	August	Sept.	Okt.	Nov.
Fichtenröhrenlaus/Sitkalaus *(Lisomaphis abietina)*									
Spürender Zangenbock + 2bindiger ZB *(Rhagium inquisitor)*									
Gemeiner Nagekäfer, Trotzkopf *(Anobium punctatum)*									
Wintersaateule *(Agrotis segetum)*									
Kiefer									
Achtzähniger Zirbenborkenkäfer *(Ips amitinus)*									
Blasse Kiefernbuschhornblattwespe *(Gilpinia pallida)*									
Blauer Kiefernprachtkäfer *(Phaenops cyanea)*									
Gelber Kiefernblattkäfer *(Cryptocephalus pini)*									
Gemeine Kiefernbuschhornblattwespe *(Diprion pini)*				1. Generation		2. Generation			
Grauer Kiefernnadelrüßler *(Brachyderes incanus)*									
Große Kieferngespinstblattwespe *(Acantholyda posticalis)*									
Großer Kiefernprachtkäfer *(Chalcophora mariana)*									
Großer Waldgärtner *(Tomicus piniperda)*									
Großer zwölfzähniger Kiefernborkenkäfer *(Ips sexdentatus)*									
Kiefernaltholzrüßler *(Pissodes pini)*									
Kieferneule/Forleule *(Panolis flammea)*									
Kiefernknospentriebwickler *(Rhyacionia buoliana)*									
Kiefernkulturgespinstblattwespe *(Acantholyda hieroglyphica)*									
Kiefernkulturrüßler *(Pissodes castaneus = notatus)*									
Kiefernsaateule *(Agrotis vestigialis)*									
Kiefernstangenrüßler *(Pissodes piniphilus)*						evtl.			
Kiefernzweigbock *(Pogonochaerus fasciculatus)*									
Kleiner Waldgärtner *(Tomicus minor)*									
Rotgelbe Kiefernbuschhornblattwespe *(Neodiprion sertifer)*									

Deutsche Bezeichung *(lat. Bezeichnung)*	März		April		Mai		Juni		Juli		August		Sept.		Okt.		Nov.	
Schwarzbrauner Kiefernblattkäfer *(Luperus pinicola)*					■	■	■	■	■	■								
Schwarzer Kiefernbastkäfer *(Hylastes ater)*			■	■	■	■												
Sechszähniger Kiefernborkenkäfer *(Ips acuminatus)*				■	■						■	■						
Stahlblaue Kieferngespintblattwespe *(Acantholyda erythrocephala)*			■	■	■	■												
Vierpunktkiefernprachtkäfer *(Anthaxia quadripunctata)*							■	■	■	■								
Zimmerbock *(Acanthocinus aedilis)*			■	■														
Zweizähniger Kiefernborkenkäfer *(Ips bidentatus)*					■	■ 1. Flugzeit	■	■	□	□ 2. Flugzeit	□	□						
Lärche																		
Achtzähniger Lärchenborkenkäfer *(Ips cembrae)*					■	■					■	■						
Grauer Lärchenwickler *(Zeiraphera diniana)*					Fichte/Zirbe		■	■	■	■ auf Lärche	■	■	■	■	□	□		
Lärchenblasenfuß *(Taeniothrips laricivorus)*																		
Lärchenbock *(Tetropium gabrieli)*							■	■	■	■								
Lärchenminiermotte *(Coleophora laricella)*					■	■	■	■										
Tanne																		
Kleiner Tannenborkenkäfer *(Cryphalus piceae)*	■	■	■	■			■	■										
Krummzähniger Tannenborkenkäfer *(Ips curvidens)*	■	■	■	■					■	■	■	■						
Ulme, Kastanie, Ahorn																		
Großer Ulmensplintkäfer *(Scolytus scolytus)*						■					■	■						
Grünrüßler *(Phyllobius arborator)*					■	■	■	■										
Kleiner Ulmensplintkäfer *(Scolytus multistriatus)*					■	■	■	■		■	■	■						
Roßkastanienminiermotte *(Cameraria ohridella)*				■	■				■	■			■	■ evtl.				
Weide, Esche, Erle, Pappel																		
Blauer Erlenblattkäfer *(Agelastica alni)*					■	■	■	■										
Blauer Weidenblattkäfer *(Phyllodecta vulgatissima)*				■	■	■	■	■	■	■	■	■	■	■	■	■		
Erlenwürger *(Cryptorrhynchus lapathi)*										■	■	■						

Deutsche Bezeichnung *(lat. Bezeichnung)*	März	April	Mai	Juni	Juli	August	Sept.	Okt.	Nov.
Eschenzwieselmotte *(Prays curtisellus)*									
Großer Pappelbock *(Saperda carcharias)*									
Kleiner Aspenbock *(Saperda populnea)*									
Kleiner bunter Eschenbastkäfer *(Lespersinus varius)*									
Pappelblattkäfer *(Melasoma populi)*									
Weidenbohrer *(Cossus cossus)*						evtl. bei Nacht			

Insekten nach Baumarten

Fichte

DOPPELÄUGIGER FICHTENBASTKÄFER (POLYGRAPHUS POLIGRAPHUS)

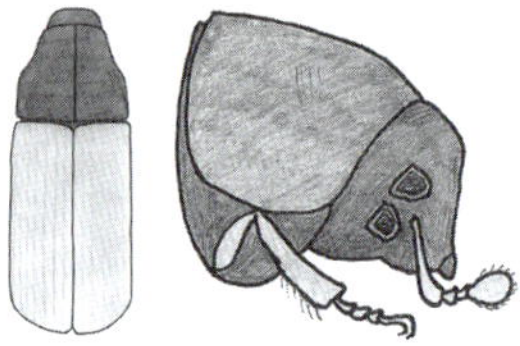

Familie: Borkenkäfer *(Scolytidae)* – **Unterfamilie:** Bastkäfer *(Hylesininae)*

Käfer: 2–3 mm; braun, Körper mit dichtstehenden, kurzen, hellen Schuppen; Kopf schwarz; Flügeldecken dunkelrotbraun bis schwarzbraun; länglich-oval, walzenförmig; Augen geteilt; Fühler und Beine meist gelbbraun; Fühlerkeulen am Ende zugespitzt.

Vorkommen: An Fichten-Arten, sehr selten an Kiefer, Tanne
Flugzeit: April/Mai sowie Mitte Juli–Ende August
Generation: 2 Generationen sowie Geschwisterbruten möglich

Fraßbild

Ökologie: Das Brutbild besteht aus 3–8 Muttergängen, die etwa 3–6 cm lang sind. Die Larvengänge sind unregelmäßig verlaufend, weitgestellt, mehr in Längsrichtung ausgerichtet und von einer in der Rinde liegenden Rammelkammer ausgehend (Sterngang). Auf der Bastseite dickerer Rindenstücke findet sich meist ein dichtes Gewirr von Gangteilen. Im Anschluß an die Puppenwiegen findet der Reifungsfraß der Jungkäfer und der Regenerationsfraß der Altkäfer statt. Die Überwinterung erfolgt als Larven, Puppen oder unreife Käfer.

Forstliche Bedeutung: Tritt hauptsächlich an 20- bis 40jährigen Fichten, besonders bei Schneebruch oder an bereits anderweitig geschwächten Bäumen sowie im Wipfelbereich älterer, über 80jähriger Bäume auf. In Beständen mit anbrüchigen, unterdrückten oder verwundeten Bäumen kann der Befall durch Übergehen auf noch gesunde Bäume, vor allem in jüngeren Beständen, ernste Schäden verursachen.

Maßnahmen: Einschlag befallener Bäume, Entrinden, Verbrennen oder Begiften der Rinde. Waldhygiene auch bei nicht kostendeckender Durchführung.

RIESENBASTKÄFER (*DENDROCTONUS MICANS*)

Familie: Borkenkäfer *(Scolytidae)* – **Unterfamilie:** Bastkäfer *(Hylesininae)*

Käfer: 5,5–9 mm; zylindrisch schwarz, stark glänzend; Fühler und Fußglieder bräunlich; rostgelbe Behaarung an Randpartie; Halsschild ungleich punktiert, vorne eingeschnürt; größter europäischer Borkenkäfer.

Vorkommen: An Fichten-Arten (bevorzugt 20- bis 40jährige Bestände), selten an Weißtanne, Lärche und Weißkiefer
Flugzeit: Von Ende April–September
Generation: 1jährig, in höheren Lagen auch 2jährig

Ökologie: Das ♀ nagt gewöhnlich an zutage tretenden Wurzeln, am Wurzelanlauf oder am Stamm unter der Rinde (z. B. nach Schälschäden) plätzend einen Gang und legt in diesem seine Eier ab. Die Larven fressen von hier aus gemeinschaftlich in breiter Front (Familienplatzgang) die benachbarten Rindenschichten aus. Dabei werden Kot und Bohrmehl zu charakteristischen Bohrmehlplatten zusammengepreßt. Die Puppenwiegen liegen einzeln in den Bohrmehlplatten. Es kommt meist zu Harzaustritt. Die Jungkäfer fressen netzartig verbundene Gänge in der umgebenden Rinde. Die Überwinterung ist in allen Stadien möglich.

Es kommt zu Harzaustritt an den Fraßstellen

Forstliche Bedeutung: Einer der gefährlichsten Forstschädlinge. In erster Linie nur in anfälligen Bäumen, kann jedoch auch auf gesunde übergehen. Jüngere Stämme werden zum Absterben gebracht, ältere überdauern den Befall längere Zeit. Bei Massenvermehrungen werden sie jedoch so stark geschwächt, daß sie in der Regel Sekundärschädlingen zum Opfer fallen.

Maßnahmen: Waldhygiene. Vermeidung von Stammbeschädigungen. Einschlag und Entrindung befallener Bäume sowie verstärkte Überwachung. Fangbäume sind nicht wirkungsvoll.

Kupferstecher, Sechszähniger Fichtenborkenkäfer (*Pityogenes chalcographus*)

Familie: Borkenkäfer *(Scolytidae)* – **Unterfamilie:** Echte Borkenkäfer *(Ipinae)*

Käfer: 1,8–2,9 mm; schwarz, Flügeldecken, Beine und Antennen rotbraun. ♀ am Absturz 3 Kegelzähne, Stirn mit Grube; ♀ 3 Zähne, mindestens 1 Hakenzahn; Stirn mit kleinen Höckerchen.

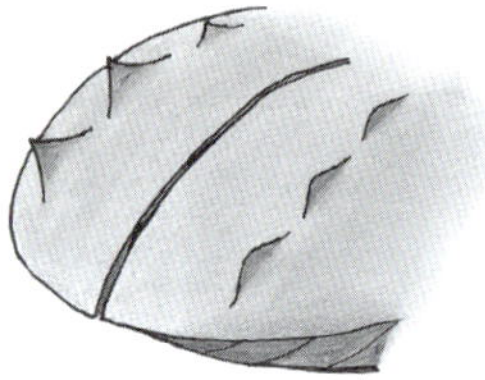

links: Absturz des ♂
rechts: Absturz des ♀

Vorkommen: An Fichten-Arten, auch an Kiefer, Lärche, Tanne, Douglasie und Strobe
Flugzeit: April sowie Juli–August
Generation: Meist 2 Generationen pro Jahr, Geschwisterbruten möglich

Ökologie: Der Käfer besiedelt vorwiegend die Rinde geschwächter Zweige, aber auch die Zöpfe gefällter Fichten und Kiefern. Bei Massenvermehrung dringt er in Dickungen und Kulturen ein, wo er auch stärkere Stämme befällt. Vermehrt auch in der Kronenregion. Polygamer Rindenbrüter; sternförmiges Brutbild mit 3–6 Muttergängen (3–5 cm lang, 1 mm breit) und meist kurzen und dicht gestellten Larvengängen. Die

Harztrichter

Typische sternförmige Fraßgänge in der Rinde

Rammelkammer liegt bei der Fichte im Bast versteckt, bei der Kiefer im Splint, da die Rinde im oberen Bereich viel dünner ist (Spiegelrinde). Der Reifungsfraß findet im Anschluß an die Puppenwiege statt. Die Überwinterung erfolgt im Brutbild, in Reifungsfraßgängen, in abgefallener Rinde oder in der Streuschicht.

Forstliche Bedeutung: Bevorzugt wird der dünnrindige Bereich von Stämmen bzw. Ästen physiologisch geschwächter, absterbender sowie frisch geschlägerter Bäume aller Altersklassen. Geringfügig übertrocknetes, liegendes Material wird auch angenommen. Angenommen wird auch jeglicher Schlagrücklaß. Bei Überangebot an bruttauglichem Material, z.B. nach schlampigen Durchforstungen, kann es zu Massenvermehrungen und zum Befall gesunder Bäume kommen. Der Kupferstecher zählt zu den bedeutendsten Fichtenborkenkäfern. Er tritt meist in Gesellschaft mit dem Buchdrucker *(Ips typographus)* auf.

Maßnahmen: Einsatz von gut überwachten Fangbäumen und mit Pheromon beköderten Fallen (siehe Allgemeiner Teil – Borkenkäfer).

KLEINER ACHTZÄHNIGER FICHTENBORKENKÄFER, „KLEINER BUCHDRUCKER" *(IPS AMITINUS)*

Familie: Borkenkäfer *(Scolytidae)* – **Unterfamilie:** Echte Borkenkäfer *(Ipinae)*

Käfer: 3,5–4,8 mm; braun bis schwarz; zylindrische Gestalt, nach hinten etwas verschmälert; Flügeldeckenabsturz schräg abfallend und glänzend; Absturzrand jederseits mit 4 Zähnen, von denen der 3. geknöpft ist; Absturz ähnelt dem des Buchdruckers *(Ips typographus)*. Nähte der Fühlerkeule fast ganz gerade.

Vorkommen: An Fichte und Zirbe; bevorzugt Höhenlagen über 1000 m
Flugzeit: Mitte Mai–Anfang Juli
Generation: 1–2 Generationen pro Jahr sowie Geschwisterbruten

Ökologie: Er ist ein polygamer Rindenbrüter. Bevorzugt obere Stammregionen. Das Brutbild ist sternförmig, mit 3 bis 7bogigen Muttergängen sowie deutlich sichtbarer Rammelkammer, und relativ langgezogen. Die Muttergänge schürfen den Splint etwas. Die Larvengänge sind ungleichmäßig in der Rinde verlaufend und ca. 4–5 cm lang. Der Reifungsfraß der Jungkäfer findet als plätzeartige Erweiterung der Puppenwiegen statt, der Regenerationsfraß der Altkäfer im Anschluß an die Muttergänge. Die Überwinterung erfolgt als Käfer in der Geburtsstätte oder in der Bodenstreu. Ökologie und Verbreitungsgebiet sonst ähnlich dem Buchdrucker *(Ips typographus)*.

Fraßbild im Holz

Fraßbild in der Rinde

Forstliche Bedeutung: Als Sekundärschädling hauptsächlich an physiologisch geschwächten Bäumen bzw. an frisch geschlagenen Stämmen. Unter günstigen Ernährungsbedingungen besteht die Neigung zu örtlichen Massenvermehrungen, welche vor allem in Hochlagen von Bedeutung sind.

Maßnahmen: Siehe Allgemeiner Teil – Borkenkäfer.

BUCHDRUCKER, ACHTZÄHNIGER FICHTENBORKENKÄFER (*IPS TYPOGRAPHUS*)

Familie: Borkenkäfer *(Scolytidae)* – **Unterfamilie:** Echte Borkenkäfer *(Ipinae)*

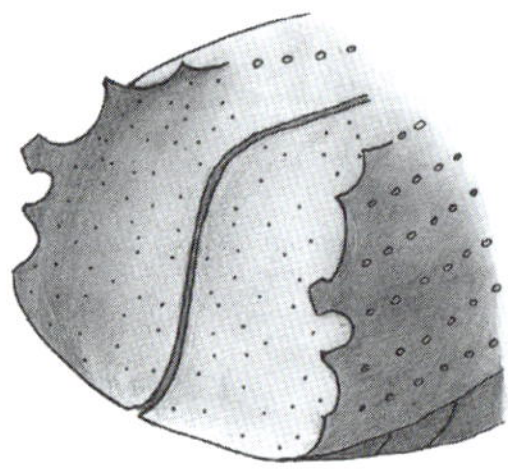

Käfer: 4,2–5,5 mm; walzenförmig, rotbraun bis schwarzbraun, Absturz matt mit beiderseits 4 Zähnen; nicht behaart; Fühlerkeulennähte in der Mitte stark vorgezogen; frischgeschlüpft hellbraun.
Larve: Gekrümmt, weiß, gelbbrauner Kopf.
Puppe: Weißlich.

Vorkommen: Vornehmlich an Fichten-Arten
Flugzeit: Mitte April–Ende Mai; Ende Juni–Ende Juli
Generation: Meist 2 pro Jahr, auch 3 möglich; häufige Anlage von Geschwisterbruten (stark witterungsabhängig – liebt warm und trocken)

Ökologie: Polygamer Rindenbrüter. Die Entwicklung dauert ca. 10 Wochen. 14 Tage Eizeit, 60–100 Eier je Gang. Ein schräg eingestochenes, 2–3 mm großes Einbohrloch führt in die meist verdeckt liegende Rammelkammer, von der 1–3 Muttergänge in Längsrichtung (bis 15 cm) ausgehen. Bei längerem Verlauf sind die Muttergänge mit Ventilationslöchern ausgestattet. Die Larvengänge sind rechtwinkelig zum Muttergang, dichtstehend, leicht geschlängelt, nehmen rasch

Typisches Buchdrucker-Fraßbild

an Breite zu und schürfen den Splint kaum. Die Puppenwiegen sind flach napfförmig. Der Reifungsfraß der Jungkäfer findet im Anschluß an die Puppenwiegen statt. Der Regenerationsfraß tritt als Verlängerung oder platzartige Erweiterung der Muttergänge auf. Daneben tritt auch – witterungsbedingt – der sogenannte „Schlechtwetterfraß" auf, der das Schadbild weitgehend zerstört. Die Überwinterung erfolgt als Käfer meist in der Rinde, fallweise auch im Boden. Erkennung innerhalb der ersten Wochen durch aus den Bohrlöchern rieselndes, an der Stammrinde hängenbleibendes braunes Bohrmehl. Es folgen Kronenverfärbungen, Nadelabfall und Abplätzen der Rinde.

Kontrolle: Mit streng unter Kontrolle befindlichen Fangbäumen und mit Pheromon beköderten Fallen (siehe Allgemeiner Teil – Borkenkäfer).

Forstliche Bedeutung: Normalerweise beschränkt sich der Befall nur auf physiologisch geschwächte Bäume oder frisch geschlagene Stämme unter Bevorzugung höherer Altersklassen. Bei Vorliegen einer großen Anzahl bruttauglichen Materials (z. B. nach Windwürfen oder bei mangelnder Waldhygiene) kann es zu einer Massenvermehrung kommen. Ein Befall benachbarter, relativ vitaler Bäume ist sehr leicht möglich.

Maßnahmen: Waldhygiene. Kalamitätsholz sowie kränkelndes oder lediglich gelagertes Fichtenstammholz noch vor April aus dem Wald beseitigen oder entrinden; standortangepaßter Waldbau; Förderung von natürlichen Mischwäldern; keine Fichten-Reinbestände bei warm-trockenem Klima; keine Monokulturen; Fangbäume zum Abschöpfen der nachfolgenden Generation; Pheromonfallen, eventuell chemische Prophylaxe oder Bekämpfungsmaßnahmen.

LINIERTER NADELNUTZHOLZBORKENKÄFER (*TRYPODENDRON LINEATUM*)

Familie: Borkenkäfer *(Scolytidae)* – **Unterfamilie:** Echte Borkenkäfer *(Ipinae)*

Käfer: 2,6–4 mm; walzenförmig; hellbraun; nur der größere Teil des Halsschildes sowie die 2–3 Längsstreifen auf den Flügeldecken sind dunkelbraun; Antennenwurzeln trennen die Augen in jeweils zwei selbständige Teile; verkehrt eiförmige, flache Keulen.

Larve: Weißlich, beinlos und bogenförmig gekrümmt; der Kopf ist hellbraun, der

Unterkiefer trichterförmig und robust; die drei Brustsegmente sind auffallend groß.
Puppe: Weiß, schwach glänzend.

Vorkommen: Polyphag an Nadelbäumen, besonders an Fichte
Flugzeit: Ab Anfang März (Frühschwärmer), schon nach den ersten frostfreien Nächten
Generation: 1 Generation pro Jahr, evtl. Geschwisterbruten

Ökologie: Das Brutbild ist als typischer Leitersprossengang, der allein vom ♀ kurz nach der Begattung angelegt wird, aufgebaut. Von einer radial angelegten Eingangsröhre (bis zu 5 cm tief) zweigen meist 2 Brutröhren, den Jahrringen folgend, ab. Die Einischen sind relativ weit auseinander. Die ♂ sind an der Sauberhaltung des Brutsystems beteiligt. Die Larven fertigen senkrecht zum Muttergang kurze stollenartige Gänge an, in denen sie sich bis zum Jungkäfer entwickeln. Sowohl Larve als auch Käfer ernähren sich vorwiegend von Ambrosiapilzen an den Wänden der Brut- und Larvengänge (Schwarzfärbung). Zur Überwinterung verlassen die Jungkäfer noch im Sommer die Brutsysteme und wandern in den Boden ab.

Forstliche Bedeutung: Befall physiologisch geschwächter oder liegender Stämme, die noch einen hohen Wassergehalt für die Entwicklung des Ambrosiapilzes aufweisen; bevorzugt an feuchten, schattigen Standorten. Bei Massenvermehrungen als technischer Schädling gebietsweise bedeutend. Großer Wertverlust, da die schwarzen, im aufgeschnittenen Holz deutlich sichtbaren Leitergänge ein bedeutender Fehler sind.

Maßnahmen: Gefälltes Holz bzw. Schadholz vor Befall aus dem Wald nehmen. Ist dies nicht möglich, sollte die Lagerung an trockenen, luftigen Stellen erfolgen. Eventuell chemische Prophylaxe oder Bekämpfung.

Linierter Nadelnutzholzborkenkäfer

Leitersprossengang

GROSSER BRAUNER RÜSSELKÄFER (HYLOBIUS ABIETIS)

Familie: Rüsselkäfer *(Curculionidae)* – **Unterfamilie:** Langrüßler *(Phanerognathi)*

Käfer: 8–14 mm; dunkelbraun, auf den Flügeldecken gelbe Querbinden (aus feinen Haaren bestehend), glanzlos, gebogener Rüssel mit zwei Längsfurchen, in welche die gewinkelten Fühler eingeklappt werden können (Ruhestellung); gekniete Fühler mit verdickten Endgliedern, der grob gekörnte Nackenschild verjüngt sich nach vorn und hat einen deutlichen Kiel (im Ggs. zu den Pissodes-Arten).
Larve: Weiß, bauchwärts gekrümmt, bein- und augenlos.
Puppe: Dem Käfer ziemlich ähnlich, frei, weichhäutig und weiß; aus ihrem letzten Segment ragen 2 Fortsätze.

Vorkommen: An Nadelholz, vor allem an Fichte, Kiefer und Lärche
Flugzeit: Hauptschwärmzeit ist Ende April–Anfang Juni
Generation: 2jährig; Ausnahmen sind selten

Ökologie: Der Käfer gilt als einer der gefährlichsten Forstschädlinge Österreichs und tritt häufig in Massen auf. Gefährdet sind vor allem Wiederaufforstungen von Kahlschlägen an sonnigen Standorten ohne Schlagruhe, die oft mehrmals nachgebessert werden müssen („Geisel der Kahlschlagwirtschaft"). Kommt in Naturverjüngungen selten vor.
Die Fortpflanzung kann sich auf die gesamte Jahreszeit ausdehnen. Die Eiablage erfolgt im Sommer an den flach streichenden Wurzeln frischer Stöcke oder überalteter Bäume. Die Larvengänge finden sich unter der Rinde als längslaufende, den Splint tief schürfende, ca. 1 Meter lange Säulengänge

Großer brauner Rüsselkafer

Kannelierfraß

Fraßschaden an Fichtenpflanze

(Kannelierfraß), die in tief in den Splint eingesenkten Puppenwiegen enden. Dies ist wirtschaftlich jedoch ohne Bedeutung. Von viel größerer Relevanz sind der Reifungs- und der Regenerationsfraß der Käfer an der Rinde junger 3- bis 6jähriger Pflanzen, besonders in der Tag-Nacht-Zone. Gelegentlich kommt es zum Fraß an dünnen Zweigen älterer Bäume. Die Käfer überwintern im Boden und werden mehrere Jahre alt.

Forstliche Bedeutung: Die Pflanzen werden im unteren Stammbereich, bei starkem Auftreten bis zur Krone, plätzeweise (nicht gangartig!), meist trichterförmig in die Tiefe gehend, angefressen. Die betroffenen Jungpflanzen beginnen zu kränkeln (Austrocknung) und reagieren mit Harzausstoß, wodurch es zu einem pockennarbenartigen Aussehen kommt. Meist verwelken die Maitriebe und sterben schließlich ab.

Maßnahmen: Vermeidung von Kahlschlägen, Fördern von Naturverjüngungen. Bei Kahlschlägen 3jährige Schlagruhe und Auslegen von Fangrinden bei Fichtenaufforstungen oder Fangknüppeln bei Kiefernaufforstungen, die laufend kontrolliert werden müssen. Entrinden der Brutstätten, Einsammeln der Käfer, Einsatz von Fangrinden. Bei starkem Auftreten meist mit speziellen chemischen Mitteln bekämpfbar (Tauchen oder Spritzen). Der Käfer wird wegen seiner Gefährlichkeit gebietsweise routinemäßig bekämpft.

Grosser schwarzer Rüsselkäfer, „Rotbein" (Otiorhynchus niger)

Familie: Rüsselkäfer *(Curculionidae)* – **Unterfamilie:** Langrüßler *(Phanerognathi)*

Käfer: 9–11 mm; schwarz, glänzend, Beine rot, Flügeldecken gewölbt, ungeflügelt; kurzer, breiter Rüssel mit muschelförmiger Verbreiterung.
Larve: Weiß, bauchwärts gekrümmt, augen- und beinlos.
Puppe: Gelblich gefärbt; Haare an der Spitze umgebogen und steif.

Vorkommen: An Fichte, auch an Douglasie, Erle und Birke; vor allem in der Alpenregion
Flugzeit: April–September
Generation: Meist 2jährig

Ökologie: Die Eiablage erfolgt bis Ende August in den Boden von Nadelholzkulturen. Bevorzugt werden vegetationsfreie, aufgelockerte Böden junger Kulturen und Forstgärten. Der Larvenfraß erfolgt an der Rinde der Wurzeln junger Pflanzen. Ähnlich dem Engerlingsfraß der Maikäfer führt er zum Absterben der Pflanze. Die Larven sind rhizo-

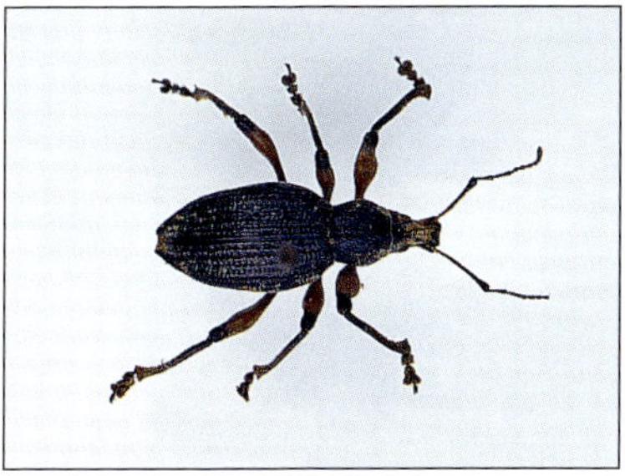

Großer schwarzer Rüsselkäfer

phag. Zarte Wurzeln verzehren sie zur Gänze, stärkere schälen sie. Bei Nachgrabungen entdeckt man die Larve. Die kritische Zahl liegt bei 7–15 Larven je m^2. Die ersten Larven verpuppen sich am Fraßort in einer innen geglätteten Höhle, in der sie als Jungkäfer überwintern. Im darauffolgenden Frühjahr fressen die Vollkäfer zumeist nachts oberirdisch an den Nadeln junger Fichten und führen hier einen Skelettierfraß bzw. einen Fraß gegen die Blattspitze hin durch. Die Käfer sind polyphag. Ein Baumartenwechsel auf Douglasie, Erle und Birke ist möglich. Plätzefraß an Rinde ist sehr selten. Der Käfer läßt sich bei Gefahr zu Boden fallen.

Forstliche Bedeutung: Schädling vor allem in Forstgärten, wobei es zum Fraß an Nadeln, frischen Trieben und – selten – an der Rinde junger Pflanzen kommt. Bedeutsamer ist der Larvenfraß. Dabei werden Feinwurzeln zur Gänze gefressen und Hauptwurzeln zumindest angefressen. Die Jungpflanzen lassen ihre Triebe hängen, werden rot und sterben ab.

Maßnahmen: Reduzierung der Larven durch Umgraben des Bodens. Förderung von natürlichen Gegenspielern. Die Käfer sind sehr widerstandsfähig gegen Bekämpfungsmittel.

Kleiner schwarzer Rüsselkäfer, „Erdbeerwurzelrüssler" (*Otiorhynchus ovatus*)

Familie: Rüsselkäfer *(Curculionidae)* – **Unterfamilie:** Langrüßler *(Phanerognathi)*

Käfer: 5 mm; Form und Farbe wie Großer schwarzer Rüsselkäfer *(Otiorhynchus niger)*.

Kleiner schwarzer Rüsselkäfer

Larve: Weiß, bauchwärts gekrümmt, augen- und beinlos.

Vorkommen: An Fichte und an Laubholz, vor allem in Forstgärten
Flugzeit: April–September
Generation: 1jährig

Verbreitung fast ausschließlich in Niederungen. Ökologie ansonsten vergleichbar mit dem Großen schwarzen Rüsselkäfer *(Otiorhynchus niger)*. Forstlich nicht so bedeutsam. Verursacht große Schäden in Erdbeerkulturen.

HARZRÜSSLER (PISSODES HARCYNIAE)

Familie: Rüsselkäfer *(Curculionidae)* – **Unterfamilie:** Langrüßler *(Phanerognathi)*

Käfer: 6–7 mm; schwarz, mit weißlichen Schüppchen bestreut; an den Flügeldecken 2 gelblichweiße, feine, schräge, unterbrochene Querbinden; Schildchen gelblichweiß.
Larve: Weiß, bauchwärts gekrümmt, augen- und beinlos.

Vorkommen: Bevorzugt werden über 50 Jahre alte, kränkelnde bzw. geschwächte Fichten („Rauchrüßler“ – durch Befall rauchgeschädigter Bäume). Vorkommen vor allem im Gebirge.
Flugzeit: Ende April–Anfang Juni; kann sich über die gesamte Jahreszeit erstrecken
Generation: 1jährig

Ökologie: Die Eiablage erfolgt im Frühjahr an der Fichtenrinde. Dazu benutzt der Käfer die oberen Stammhälften. Die ♀ bohren hier Löcher und legen darin ihre Eier ab. Die aus den Einstichen quellenden Harztröpfchen erstarren und bilden bläulich-weiße Flecken, die im Aussehen Kalkspritzern ähneln. Die Larven fressen im Bast bis 80 cm lange, geschlängelte Gänge, ohne den Splint zu schürfen. Die Gänge werden allmählich breiter und sind mit dunklem Bohrmehl gefüllt. Werden mehrere Eier in einem Loch untergebracht, nimmt das Fraßbild eine strahlige Figur an (Strahlenfraß).

Harzrüßler

Larve des Harzrüßlers

Reifungsfraß des Käfers

Die 7–10 mm langen, in Längsrichtung liegenden Puppenwiegen sind mit länglichen Holzspänen ausgekleidet und schürfen tief in den Splint. Das Ausflugloch ist rund. Überwintert wird meist als Käfer.

Forstliche Bedeutung: Die Larvengänge zerstören die Saftzufuhr, bei stärkerem Befall kommt es zum Abwelken, Austrocknen und einer Krone, die sich rot färbt. Die Rinde fällt ab, der Baum stirbt.

Maßnahmen: Beseitigung oder Entrindung der befallenen Bäume vor der Verpuppung. Fangbäume.

Zweibindiger Zangenbock (*Rhagium bifasciatum*)

Familie: Bockkäfer *(Cerambycidae)* – **Unterfamilie:** *Lepturinae*

Käfer: 12–22 mm; filzig behaart; Kopf und Halsschild grau; Flügeldecken schwarz mit 2 gelben Schrägbinden; am Halsschild beiderseits ein spitzer Dorn; Beine lang und schlank.
Larve: Flach; Kopf groß und breit, an den Rändern fast schneidend, 6 kleine Beine.

Vorkommen: Vornehmlich in Fichten- und Kiefernrevieren; geht in abgestorbene oder stark anbrüchige Stämme; gelegentlich auch in Laubholz
Flugzeit: April–Juli
Generation: 2jährig

Zweibindiger Zangenbock

Ökologie: Die Larven leben unter der Rinde von Nadelhölzern. Bereits ab September findet man dort die frisch geschlüpften Tiere in der Puppenwiege. Die Käfer sind häufig von April bis August überall auf Blüten und auf dem Brutholz anzutreffen. Die Larve frißt vorzugsweise 1–2 cm breite, geschlängelte, mit braunem Bohrmehl und Exkrementen vollgestopfte Ernährungsgänge unter der Rinde alter Nadelholzstöcke. Zur ihrer Verpuppung fertigt sie sich eine große, flachovale Puppenwiege an, die sie mit einem Kranz von weißlichen, ausgenagten Holzspänen umgibt (Spanpolsterwiegen). Gelegentlich kommt es zur Anlage eines Hakenganges. Die Überwinterung erfolgt als Larve, Puppe oder Jungkäfer.

Forstliche Bedeutung: Gelegentlich technisch schädlich, sonst forstlich bedeutungslos. Bei der Stockhumifizierung ermöglicht der Käfer anderen Insektenlarven durch seine Larvengänge den Zugang zum Kambium, was bodenbiologisch bedeutungsvoll ist.

Spürender Zangenbock, Schrotbock (*Rhagium inquisitor*)

Familie: Bockkäfer *(Cerambycidae) – Unterfamilie: Lepturinae*

Käfer: 10–20 mm; filzig-grau behaart; Flügeldecken fleckig gelbgrau, mit 2 unbehaarten schwarzen Querbinden und je 2–3 Längsrippen; am Halsschild beiderseits ein spitziger Dorn.
Larve: Flach; Kopf groß und breit, an den Rändern fast schneidend, 6 kleine Beine.

Ökologie und Bedeutung dem „Zweibindigen Zangenbock“ *(Rhagium bifasciatum)* ähnelnd!

Spürender Zangenbock

Spanpolster-Puppenwiege

Bissiger Zangenbock (*Rhagium mordax*)

Familie: Bockkäfer *(Cerambycidae)* – **Unterfamilie:** *Lepturinae*

Bissiger Zangenbock

Käfer: 12–20 mm; filzig behaart; Flügeldecken mit 2 schrägen, durch einen schwarzen Fleck getrennte gelbe Querbinden; am Hals Halsschild beiderseits ein spitzer Dorn.
Larve: Flach; Kopf groß und breit, an den Rändern fast schneidend, 6 kleine Beine.

Ökologie und Bedeutung dem „Zweibindigen Zangenbock“ *(Rhagium bifasciatum)* ähnelnd! Meist auf Laubholz.

Grosser Zangenbock (*Rhagium sycophanta*)

Großer Zangenbock

Familie: Bockkäfer *(Cerambycidae)* – **Unterfamilie:** *Lepturinae*
Käfer: 17–30 mm; filzig behaart; Flügeldecken mit 2 weit auseinanderliegenden, gelbroten Schrägbinden; am Halsschild beiderseits ein spitzer Dorn.
Larve: Flach; Kopf groß und breit, an den Rändern fast schneidend, 6 kleine Beine.

Ökologie und Bedeutung dem „Zweibindigen Zangenbock“ *(Rhagium bifasciatum)* ähnelnd! Vorkommen auf Laubholz (v. a. Eiche)!

Fichtenbock (*Tetropium castaneum*)

Familie: Bockkäfer *(Cerambycidae)* – **Unterfamilie:** *Cerambycinae*

Käfer: 9–18 mm; braun bis schwarz, Flügeldecken rötlichgelbbraun; Färbung sehr veränderlich; Vorder- und Hinterrand des Halsschildes rostrot, auf den Flügeldecken stärker hervortretende Längslinien.
Larve: Braun, am Hinterende oben mit 2 kleinen Spitzen.

Vorkommen: Vorwiegend in Fichtenaltbeständen (60–100 Jahre), auch an Kiefern; bevorzugt trockene Standorte
Flugzeit: April–Juli
Generation: Je nach Witterung 1 oder evtl. 2 Generationen

Fichtenbock

Ökologie: Die Eiablage erfolgt in Borkenritzen im unteren Stammteil. Die Larven bohren sich in die Rinde und erzeugen im Bast unregelmäßig gewundene Fraßgänge (auch muschelförmig erweiterte Gänge), die zunehmend den Splint schürfen und in einem typischen 2–4 cm tiefen, bis zu 6 cm langen Hakengang im Splint münden, in

Typischer Hakengang

Fraßbild unter der Rinde

dem sie sich im Frühjahr verpuppen. Die Puppenwiege wird mit Bohrmehl verstopft. Nach 14tägiger Puppenruhe schlüpft der Käfer und ist sofort geschlechtsreif. Die querovalen Ausbohrungslöcher und Bohrmehl dienen als Erkennungsmerkmale. Die Überwinterung erfolgt als Puppe in der Puppenwiege.

Forstliche Bedeutung: Schädlichster aller Nadelholzböcke, da neben anbrüchigen auch gesunde Stämme angegangen werden und diese Bockkäferart dann physiologisch schädlich wird. Die Tätigkeit der Larven macht sich im darauffolgenden Frühjahr durch Welken, Herabhängen und Rötung der Nadeln sowie Abblättern der Rinde bemerkbar. Der technische Schaden wird durch das Eingreifen der Hakengänge in den Holzkörper ausgelöst. Massenvermehrungen werden durch unsaubere Wirtschaft begünstigt (Schadholz).

Maßnahmen: Waldhygiene. Rasches Abführen oder Entrinden von lagerndem Holz – Wasserlagerung von berindetem Holz bietet keinen sicheren Schutz. Schutz von Lagerholz durch Einsatz von chemischen Mitteln.

KLEINER WESPENBOCK (*MOLORCHUS MINOR*)

Familie: Bockkäfer *(Cerambycidae)* – **Unterfamilie:** *Cerambycinae*

Käfer: Schwarz; die stark verkürzten, hinten klaffenden Flügeldecken und die langen Beine sind rotbraun; die häutigen Unterflügel ragen weit hervor, Fühler beim ♂ länger als der Körper; erinnert an Schlupfwespen.

Vorkommen: An frisch gefälltem bzw. unterständigem oder abgestorbenem Nadelholz, besonders Fichte und Kiefer
Flugzeit: Mai/Juni
Generation: 1jährig

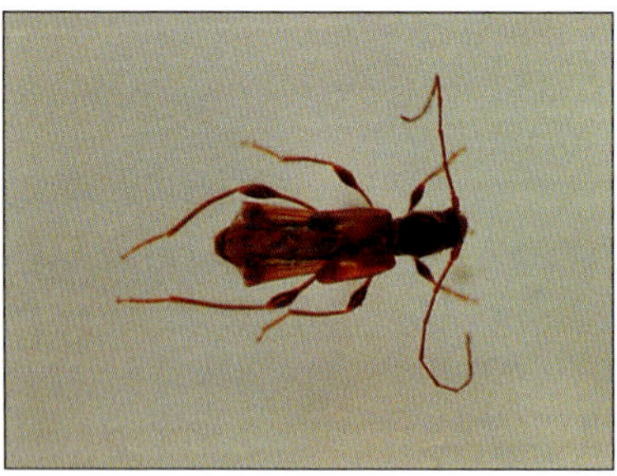

Kleiner Wespenbock

Ökologie: Die Larven nagen 2 mm breite, scharfrandig schürfende, seicht geschlängelte, mit hell und dunkel gemischtem, wolkigem Bohrmehl gefüllte Gänge unter die Rinde trockener, schwächerer Stämme, Knüppel und Äste von Fichten und Kiefern, besonders auch an berindeten Stangen von Naturzäunen. Die Verpuppung erfolgt in einem charakteristischen bogigen, bis 3 cm tief in den Splint greifenden Hakengang. Die Fluglöcher sind fast rund.

Forstliche Bedeutung: Reiner Sekundärschädling, die technische Entwertung des Holzes ist jedoch gelegentlich bedeutsam. Imagines häufig auf Blüten zu finden (Doldenblütler).

Grosser Wespenbock (*Necydalis major*)

Äußerlich und in der Lebensweise dem Kleinen Wespenbock *(Molorchus minor)* ähnlich! Auch auf Weide und Pappel.

Hausbock (*Hylotrupes bajulus*)

Familie: Bockkäfer *(Cerambycidae)* – **Unterfamilie:** *Cerambycinae*

Käfer: 8–16 mm; abgeflacht, pechschwarz oder braun; Halsschild breit, seitlich gerundet, 2 glänzende Höcker, außen zottig grauweiß behaart; Flügeldecken glänzend, mit je zwei kurzen, bindenartig angeordneten, weißlich behaarten Flecken.
Larve: Fußlos, gelblichweiß, eingekerbt erscheinend.

Vorkommen: In verbautem bzw. bearbeitetem Nadelholz (kein Laubholz). Nur in splintreichen, unberindeten Konstruktionshölzern unter dem Einfluß hoher Luftfeuchtigkeit und Wärme
Flugzeit: Mai–September
Generation: 2- bis 6jährig

Ökologie: Das ♀ legt die Eier mit der Legeröhre tief in schmale Holzrisse. Die Larvenentwicklung ist abhängig von der Temperatur (28–30° C optimal), der Holzfeuchtigkeit (25–40% optimal) und dem Nährstoffgehalt des Holzes (Eiweiß). Die Larven beginnen ihren Fraß in den äußersten Splintholzzonen, ehe sie mit fortschreitender Entwicklung in die tiefer gelegenen Splintholzbereiche vordringen. Sie fressen unregelmäßig verlaufende, im Querschnitt ovale Gänge, deren Durchmesser sich zunehmend vergrößert. Zerfressen werden vorwiegend die weicheren Frühholzschichten. Die Fraßgänge enthalten puderförmiges, mit Kot vermengtes Bohrmehl. Die Holzoberfläche bleibt als papierdünne Haut erhalten. Die Verpuppung findet in Oberflächennähe nach 3- bis 10jährigem Fraß statt. Die Fluglöcher sind oval und 5–10 mm groß.

Hausbock

Fraßbild im verarbeiteten Holz

Forstliche Bedeutung: Einer der bedeutendsten und gefährlichsten technischen Schädlinge im verbauten Holz in der gemäßigten Zone.

Maßnahmen: Chemische Bekämpfungsmittel, Begasungsmittel (durch autorisierte Anstalten) oder Heißluft.

SCHNEIDERBOCK (*MONOCHAMUS SARTOR*)

Familie: Bockkäfer *(Cerambycidae)* – **Unterfamilie:** *Lamiinae*

Käfer: 19–35 mm; schwarz, bronzeglänzend; Deckflügel *(Elytren)* dicht gedrängt, vorne körnig punktiert. Beim ♂ sind sie gegen die Spitze hin stark verengt, nicht gefleckt oder nur mit kleinen Haarflecken, beim ♀ wenig verengt mit hellgelblichen Haarflecken; Schildchen dicht weißlich oder gelblich tomentiert.

Vorkommen: Fast ausschließlich an Fichten
Flugzeit: Juni–September
Generation: Meist 1jährig; Überlieger möglich

Schneiderbock

Ökologie: Die Eier werden in schmale genagte Eischlitze in der Rinde gelegt. Die Larven fressen anfangs plätzend im Bast, später schürfen sie auch den Splint. Die eigentliche Nahrungsquelle ist die Kambialschicht. Erst später werden die mit ovalem Querschnitt ins Holz führenden Gänge angelegt. Die Nagespäne werden dabei zum Teil ausgeworfen (Befallsmerkmal!). Die Überwinterung der Larven findet im Holzgang statt, die Verpuppung am Ende des Holzganges in Oberflächennähe. Der Reifungsfraß der Jungkäfer erfolgt an den Nadeln und der jungen Triebrinde und geht später in den Ernährungsfraß über. Das Ausflugloch ist kreisrund.

Forstliche Bedeutung: Durch technische Schädigung von berindet gelagertem Holz sehr bedeutend. Besonders gefährdet ist brandgeschädigtes Holz bzw. Sturmholz.

Maßnahmen: Saubere Waldwirtschaft. Vorzug der Winterfällung und Verkürzung des Waldlagers bzw. Lagerung im Bestandesschatten.

SCHUSTERBOCK (*MONOCHAMUS SUTOR*)

Familie: Bockkäfer *(Cerambycidae)* – **Unterfamilie:** *Lamiinae*

Käfer: 15–24 mm; schwarz mit braunem Metallglanz; Deckflügel mit weißlichen, oft zu Querbinden geordneten Haarflecken, aber auf dem Rücken ohne Quereindruck; Kopf und Halsschild höchstens mit einigen kleinen Haarflecken; Toment des Schildchens aber durch eine kahle Mittellinie völlig geteilt.

Vorkommen: An Fichte und Kiefer, selten Tanne

Ökologie vergleichbar mit Schneiderbock *(Monochamus sartor)*.

Schusterbock

Typisches Fraßbild

BEHAARTER SCHNELLÄUFER (*HARPALUS PUBESCENS*)

Familie: Laufkäfer *(Carabidae)*

Käfer: 6–16 mm; braunschwarz, Fühler und Beine gelbrot; Flügeldecken gefurcht und anliegend, mit kurzen, gelblichen Haaren bedeckt.

Behaarter Schnelläufer

Vorkommen: An trockenen, sandigen, auch lehmigen Orten, unter Holz, Steinen und Erdschollen. Von der Ebene bis ins Gebirge.

Ökologie: Fleisch- und Pflanzenfresser, feuchtigkeitsliebend, fliegt nachts.

Forstliche Bedeutung: Jagt in der obersten Bodenschicht, frißt jedoch auch Laub- und Nadelholzsamen und beißt Keimlingspflanzen, vor allem der Fichte, über dem Boden ab. Nur gelegentlicher Forstschädling.

Maßnahmen: Sind in der Praxis nicht nötig.

Gemeiner Nagekäfer, Trotzkopf (*Anobium punctatum*)

Familie: Nagekäfer *(Anobiidae)*

Käfer: 3–5 mm; schwarz oder schwarzbraun, Flügeldecken gestreift; punktiert; Kopf „trotzig“ unter Halsschild gezogen; große Augen, Fühler sind fadenförmig.
Larve: Gelblichweiß; der Borkenkäferlarve ähnlich, gekrümmt, 4–6 mm lang; Kopf deutlich vom Brustabschnitt abgesetzt; 3 Brustbeinpaare.

Vorkommen: Nur in verbautem Holz
Flugzeit: April–August
Generation: 1jährig

Im Volksmund fälschlicherweise als „Totenuhr“ bezeichnet. Der Gemeine Nagekäfer besitzt jedoch kein Klopfvermögen. Das Nagen des „Bunten Nagekäfers“ *(Xestobium rufovillosum)* ist besonders nachts als deutliches Klopfen (ähnlich dem Ticken einer Uhr) zu vernehmen. Dies wurde früher als Anzeichen für einen bevorstehenden Todesfall gedeutet.

Ökologie: Die Käfer erscheinen in den Monaten April bis August. Käfer und Larven halten sich zumeist im befallenen Holz auf und bleiben auch bei wiederholtem Befall, der mit Ausnahme der großen Fluglöcher eine Beschädigung der Oberfläche vermeidet, lange Zeit unbemerkt. Stellen sich bei Beunruhigung tot (Fühler und Beine werden eingezogen). Die Larven minieren im Nadelholz überwiegend in den Frühholzschichten, während die härteren Spätholzschichten als feine Fraßlamellen stehen bleiben. Die Gänge sind locker mit Bohrmehl gefüllt. Die Larven verpuppen sich im Frühjahr. Äußeres Befallsmerkmal sind die schrotschußartigen Fluglöcher, aus den Fluglöchern herausrieselndes Bohrmehl sowie auftretende Bohrmehlhäufchen.

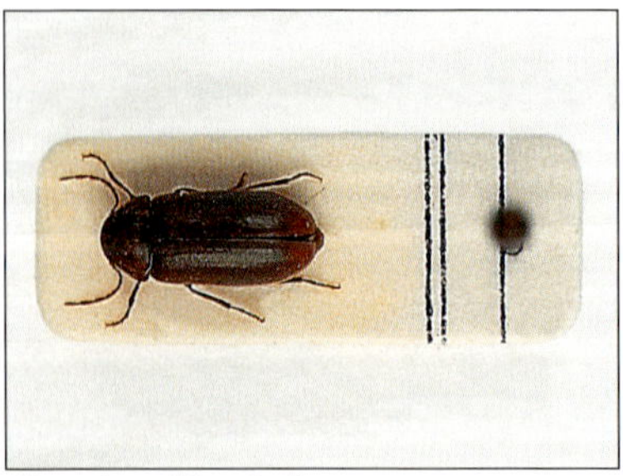
Gemeiner Nagekäfer

Schadbild

Forstliche Bedeutung: Bekanntester und bedeutender Zerstörer von Möbeln, antiken Kunstwerken, Dachstühlen, Decken, Schnitzereien und Parkettböden. Befallen werden sowohl Nadel- als auch Laubhölzer. Bevorzugt wird dabei verarbeitetes oder bereits z. B. durch Pilze geschädigtes Holz. Vor allem in feuchten Räumen.

Maßnahmen: Begasen durch Heißluft, min. 1 Stunde mit 55° C. Chemische Mittel, in die Löcher einträufeln und mit Plastikfolie einhüllen. Vorsicht in bewohnten Räumen.

NONNE (*LYMANTRIA MONACHA*)

Familie: Trägspinner *(Lymantriidae)*

Falter: Färbung und Zeichnung sehr variantenreich (häufig dunkle Variationen); ♂: Spannweite 30–45 mm; ♀: 45–65 mm; Vorderflügel weiß mit zackigen Querbinden; Hinterflügel hellgrau bis bräunlichgrau; Hinterleib v.a. beim ♀ rosenrot, mit einziehbarer Legeröhre; Fühler des ♂ länger gekämmt; beim sitzenden Falter bilden die Flügel des ♀ einen keilförmigen Einschnitt, die des ♂ eine Linie.
Eier: Kugelig; erst hellbraun, später dunkelbraun marmoriert.
Raupe: 16beinig; 35–40 mm; graubraun bis dunkler braun mit langen Haarbüscheln; am Rücken ein dunkler Längsstreifen; am 2. Ring herzförmiger, schwarzer Fleck; am 7. und 8. Ring ovaler Fleck.
Puppe: Dunkelbraun, gelbliche und rotbraune Haarbüschel (Haarhörner).

Vorkommen: An Nadel- und Laubhölzern, v.a. Fichte, Kiefer, Tanne, Lärche, Buche
Flugzeit: Juli–August
Generation: 1jährig

Ökologie: Die Eiablage erfolgt mit Hilfe der Legeröhre in Gelegen (ca. 50 Eier/Gelege) an den Rindenschuppen des unteren Stammteils (im Ggs. zum Schwammspinner ohne Afterwolle). Die Eier überwintern dort in einer 8monatigen Diapause (Eiruhe). Im Mai des darauffolgendem Jahres schlüpfen die Raupen und sitzen in Eispiegeln (Spiegelraupen) zusammen. Sie wandern erst nach ein paar Tagen zum Fressen in die Krone. Die Jungraupen fressen an den Knospen und Maitriebnadeln bzw.

Eigelege der Nonne

Nonnen-Raupe

Nonne (♀) auf Rinde

an jungen Blättern, im fortgeschrittenen Stadium der Entwicklung an Altnadeln. Auf Nadelholz sehr verschwenderischer Fraß, wodurch man sehr viele Nadelreste am Boden findet.
Eine Raupe vertilgt während ihrer Entwicklung durchschnittlich 200 Kiefern- oder 1000 Fichtennadeln. Die Raupen produzieren dabei so viel Kot, daß der Boden bis zu 10 cm hoch damit bedeckt sein kann. Bei Gefahr oder Nahrungsmangel spinnt sich die Raupe ab, wobei sie am Spinnfaden hin und her pendelt und dank ihrer langen Haare über weite Strecken verweht wird. Die Verpuppung erfolgt im Juni/Juli am Stamm oder an den Zweigen. Die Spinnfäden dienen zur Befestigung am Untergrund. Ca. 3 Wochen später erscheint der Falter – die Puppenhülsen werden am Stamm zurückgelassen.

Forstliche Bedeutung: Massenschädling an Fichte und Kiefer. Einmaliger Kahlfraß kann bereits zum Absterben der Nadelbäume führen. Bei Lichtfraß folgen Zuwachsverluste. Gefahr besteht auch durch die erhöhte Schadensdisposition gegenüber einem Befall von Sekundärschädlingen (Borkenkäfer, Böcke, Holzwespen). In Österreich gilt das Waldviertel als Dauer- und Hauptschadensgebiet und steht deshalb ständig unter Kontrolle.

Nonne ♀

Nonne ♂

Maßnahmen: Waldbaulich: Sofortiges Entnehmen befallener Bäume. Standortwidrige Nadelholzreinbestände (Fichte, Kiefer) durch standortangepaßte Baumarten ersetzen. Förderung lichter Mischbestände. Weiters: Chemische und biologische Bekämpfung (z. B. Viren, Bakterienpräparate und Entwicklungs- bzw. Häutungshemmer). Ständige Kontrollen mittels Pheromonfallen, Eiersuche (kritisch – je nach Alter – 2000–6000 Eier/Fichte, 1000–2000 Eier/Kiefer) und Falterzählung am Stamm. Nonnenkalamitäten enden oft von selbst durch das Aufkommen einer seuchenartigen Erkrankung der Raupen.

WINTERSAATEULE (AGROTIS SEGETUM)

Familie: Eulen *(Noctuidae)*

Falter: Spannweite 35–50 mm; Vorderflügel gelblich bis rötlichbraun mit schwacher, vortretender Zeichnung (Wellenlinien); Makeln (helle Flecken) fein schwarz umrandet; Hinterflügel glänzend milchweiß, beim ♀ eher bräunlich.
Raupe: 16beinig; 40–50 mm lang; nackt; erdfarbenbraun (Erdraupe); doppelte dunkle Rückenlinie und braune Seitenlinien; 4 dunkle Punkte auf jedem Ring.
Puppe: Hellbraun; lange gegabelte Spitze am Ende.

Vorkommen: An allen Nadel- und Laubhölzern
Flugzeit: Mai–Juni bzw. Spätherbst
Generation: 2 Generationen pro Jahr

Ökologie: Die Eier werden auf dem Boden abgelegt. Die Jungraupen fressen tagsüber unterirdisch die Wurzeln und nachts die oberirdischen Teile der Pflanzen. Man entdeckt Fraßspuren an Jungpflanzen und Entrindung am Wurzelanlauf. Die befallenen Pflanzen welken. Überwinterung und Verpuppung erfolgen im Boden.

Forstliche Bedeutung: Tritt v.a. in Forstgärten auf, die auf ehemals landwirtschaftlichen Flächen angelegt wurden. Dort sind Massenvermehrungen möglich. Außerdem auch in Kulturen.

Wintersaateule ♀

Wintersaateule ♂

Maßnahmen: Vorbeugung durch Bodenbearbeitung im Herbst. Kontrolle bei Aufforstungen und Anlage von Forstgärten auf ehemaligen landwirtschaftlich genutzten Flächen. Am Tag Ausheben der Pflanzen und Einsammeln der Raupen. Anschließend Pflanzen wieder einsetzen. Nachts oberflächliche Suche. Köder zur Anlockung auslegen. Einsatz biologischer Mittel.

FICHTENNESTWICKLER (*EPINOTIA TEDELLA*)

Familie: Wickler *(Tortricidae)*

Falter: Spannweite 13–15 mm; Vorderflügel hellbraun, mit hellen Querbinden und grauen Fransen.
Raupe: 16beinig; 9 mm lang; gelbbraun mit 2 braunroten Rückenstreifen; Kopf und Nackenschild schwarz.

Vorkommen: An Fichte
Flugzeit: Je nach Seehöhe Mai–Juli
Generation: 1jährig

Ökologie: Die Eiablage erfolgt einzeln, direkt an dicht stehende Nadeln von Fichten aller Altersklassen. Die Raupe miniert in der Nadel und sichert die Fraßnadel mit den umgebenden Nadeln mittels Spinnfäden. Die Nadeln werden dann eine nach der anderen ausgehöhlt und mit dem ausgeworfenen Kot unter Zuhilfenahme der Spinnfäden sogenannte „Nadelnester“ gebildet. Im Herbst folgt eine rotbraune Verfärbung der Nadeln, die zunehmend schütterer werden. Die Überwinterung erfolgt nach dem Abbaumen der Larven in einem Gespinst in der Bodenstreu. Die Verpuppung findet im Frühjahr im Boden statt.

Forstliche Bedeutung: Meist nur Lichtfraß, welcher zu Zuwachsverlusten führt. Gefährdung in der Folge durch Sekundärschädlinge wie Kupferstecher und Doppeläugiger Fichtenbastkäfer.

Fichtennestwickler

Versponnene „Nadelnester“

Maßnahmen: Als natürliche Feinde gelten Vögel, Kleinsäuger und Wildschweine, die die Kokons vertilgen. Selten Einsatz von biologischen Mitteln.

FICHTENGESPINSTBLATTWESPE (*CEPHALCIA ABIETIS*)

Familie: Gespinstblattwespen *(Pamphiliidae)*

Wespe: 10–14 mm lang; Kopf und Brust schwarz mit gelbrötlichen Flecken; Hinterleib schwarz, teilweise rötlichbraun; Antennen erreichen beinahe Körperlänge; Flügel fast durchsichtig, die Spitzen hellgrau mit dunklen Adern.
Eier: Dunkelgrün, kurz vor dem Schlüpfen graugrün und etwas größer; walzenförmig und abgerundet.
Afterraupe: Achtbeinig; 20–25 mm lang; Kopf schwarz, Körper grünlich gefärbt; auf der Oberseite schwach ausgeprägte Längsstreifen, einer auf der Unterseite.

Vorkommen: An Fichte; besonders an 60- bis 120jährigen; vor allem in Mittelgebirgslagen (600–1000 m Seehöhe)
Flugzeit: Mitte April–Juni
Generation: 2- bis 3jährig, Überlieger!

Ökologie: Die Eiablage erfolgt in Reihen an allen 4 Nadelflächen von Alt- und Jungnadeln. Dabei werden die Eier in einem vom ♀ gefertigten Schlitz eingeklemmt. Die Larven wandern zur Zweiggabelung, spinnen dort eine Wohnröhre und leben darin gesellig, wobei ein Gespinst entsteht. Auffällig ist die Größe der Gespinste, die sich über mehrere Äste erstrecken und dicht mit Kot gefüllt sind. Sie fallen teilweise zu Boden und können auch von hier aus erkannt werden. Die Larven fressen hauptsächlich ältere Nadeln, seltener die Jungnadeln der Maitriebe.
Die erwachsenen, abbaumenden Larven (August/September) graben sich in den Boden ein, wo sie in kleinen Höhlen als Eonymphen eine Diapause eingehen. Diese dauert ca. 2–3 Jahre. Im Herbst entwickeln sie sich zu Pronymphen (mit Puppenaugen). Die Verpuppung erfolgt im Frühjahr.

Fichtengespinstblattwespe

Typisches Gespinst

Forstliche Bedeutung: In erster Linie in Fichtenaltbeständen mit oft langjährigen Gradationen. Die Art neigt zu Massenvermehrungen, wobei es zu Lichtfraß und Zuwachsverlusten kommt. Horstweise auch Kahlfraß, der eine Nutzung erforderlich macht. Erhöhte Schadensdisposition gegenüber Sekundärschädlingen.

Maßnahmen: Förderung natürlicher Feinde, wie Vögel, Schlupfwespen und Raupenfliegen, sowie Einsatz von biologischen Mitteln. Kontrolle durch Kokongrabungen. Kritische Zahl: 200 Pronymphen/m^2. In der Praxis geht die Zahl bis über 1000.

Kleine Fichtenblattwespe (*Pristiphora abietina*)

Familie: Echte Blattwespen *(Tenthredinidae)*

Wespe: 4,5–7 mm lang; Spannweite 10–14 mm; hauptsächlich schwarz; Beine, Mundwerkzeuge, Flügel und Bauch sind gelblich; Bauch des ♀ endet mit einer kurzen, gezahnten Legeröhre; ♂ mehr gelblich und erscheint insgesamt heller.
Eier: Ca. 1 mm lang; elliptisch und transparent.
Afterraupe: 20beinig; 15 mm lang; erst fast farblos (nur 2 mm lang); später nehmen sie ein einfarbiges Grün an (ähnlich den Fichtennadeln) mit schwarzen Augen.

Vorkommen: An Fichten aller Altersklassen; in der Regel bis 600 m Seehöhe und außerhalb des natürlichen Verbreitungsgebietes der Fichte
Flugzeit: Ende April–Ende Mai
Generation: 1jährig, seltener Überlieger

Ökologie: Das ♀ legt die Eier in angeritzte Nadeln (Eitaschen) noch nicht gespreizter Knospen. Der Teil der Nadel, der mit einem Ei belegt ist, färbt sich kurz darauf braun, die Nadeln verfärben sich in der Folge gelblich und trocknen schließlich ein. Sie werden nicht als Nahrung verwendet. Die Larven schlüpfen bereits nach 3–5 Tagen. Sie fressen nur frische Maitriebnadeln. Junglarven fressen vom Rand her bis zur

Kleine Fichtenblattwespe

Spätfrostähnliches Schadbild

Schadbild der Altlarven

Schlüpfende Larve

Nadelbasis, Altlarven von oben her, wobei sie nur kurze Stümpfe stehen lassen. Hierbei bleiben kurze Nadelreste übrig, die sich kräuseln, braun werden und später wie versengt aussehen.
Die erwachsenen Larven baumen nach relativ kurzer Fraßzeit ab und spinnen in der Streu einen Kokon. Die Eonymphen vollziehen im Sommer im Kokon eine Diapause. Die Überwinterung erfolgt als Pronymphe. Die Verpuppung findet im Frühjahr statt. Seltener wird die Entwicklung erst im 2. Jahr nach dem Einspinnen beendet.

Forstliche Bedeutung: Massenvermehrungen fast ausschließlich außerhalb des natürlichen Verbreitungsgebietes in Monokulturen der 1. bis 2. Altersklasse. In den befallenen Gebieten kommt es zu erheblichen Zuwachsverlusten, vor allem im Höhenwachstum. Bei mehrjährigem Befall entstehen charakteristische, deutlich diagnostizierbare Kronenmißbildungen, Koller- und Spindelfichten. Langjähriger Befall erhöht die Schadensdisposition gegenüber Sekundärschädlingen.

Maßnahmen: Waldbauliche Eingriffe, wie Ersetzen von nicht standortgemäßen Fichtenmonokulturen durch standortangepaßte Baum-arten. Einbringung von Laubhölzern zur Verringerung der Rohhumusbildung. Einsatz biologischer Mittel. Ständige Kontrolle.

RIESENHOLZWESPE (*UROCERUS GIGAS*)

Familie: Holzwespen *(Siricidae)*

Wespe: ♀: 25–45 mm; walzenförmiger Körper; Kopf und Brust glänzend schwarz; Hinterleib ist gelb-schwarz-gelb mit langem, starrem Legeapparat; ♂: 12–32 mm; Kopf und Brust schwarz; ebenso das erste und letzte Segment des rotgefärbten Hinterleibs.
Larve: Zylindrisch, gelblichweiß, ohne Augen; 3 sehr kurze Brustbeinpaare; bräunlicher Dorn.
Puppe: Größe variiert; weißlichgelb; läßt Konturen der Wespe gut erkennen.

Vorkommen: An allen Koniferen, besonders Fichte und Tanne; in stärkeren Stämmen und Stöcken
Flugzeit: Von Juni bis in den Herbst; v.a. Juli–August
Generation: 3jährig, allerdings auch 2- bzw. bis zu 5jährig möglich

Ökologie: Die Eier werden in 5–10 mm tiefen Eiröhren in das Splintholz versenkt (pro Stich 4–8 Stück). Dabei wird der symbiotische Pilz *Stereum chailletii* übertragen. Die Larven schlüpfen etwa einen Monat nach der Eiablage. Sie fressen in Gängen im Splint- und Reifholz. Diese kreisrunden, mit kontrastarmem Bohrmehl gefüllten Gänge zweigen im rechten Winkel von der Eiröhre ab. Die Überwinterung erfolgt mehrmals im Larvenstadium. Die Verpuppung findet meist im 3. Frühjahr ca. 15–50 mm tief im Holz statt. Ist die Entwicklung beendet, durchnagen die fertigen Wespen Holz und Rinde, bis sie ins Freie gelangen. Die Ausfluglöcher sind kreisrund mit 4–7 mm Durchmesser.

Forstliche Bedeutung: Technischer Schädling des Nutzholzes. Umfang der Holzentwertung wird leicht übersehen, da die Bohrgänge, bis auf die Puppenwiege, mit feinem, gleichfarbigem Holzmehl vollgepfropft sind. Häufig findet das Schlüpfen der Wespen, aufgrund ihrer langen Entwicklung, erst im verbauten Holz statt.

Maßnahmen: Abführen des eingeschlagenen Holzes vor der Flugzeit der Wespen.

Riesenholzwespe

Fraßgang mit Bohrmehl verstopft

ROSSAMEISE (CAMPONOTUS HERCULEANUS)

Familie: Ameisen *(Formicidae)* – **Unterfamilie:** Riesenameisen, Roßameisen *(Camponotus)*

Ameise: Arbeiterinnen bis 14 mm lang; Kopf ist schwarz, Körper, Beine und Schuppen sind dunkelrot; der Bauch hat eine schwarze Färbung.

Vorkommen: Besonders an Fichte, Tanne und Kiefer; selten an Laubholz

Roßameise

Ökologie: Der Hochzeitsflug findet im Mai/Juni, in den frühen Abendstunden, statt. Die Ameisen dringen meist über mechanische Stammverletzungen, Blitzrinnen und sonstige Wunden, jedoch auch über das Wurzelwerk, in den Stamm ein. Der Schaden entsteht durch die fast ausschließlich im Stamm aufsteigenden, bis zu 10 m hohen Nester, die sich ausschließlich im Kernholz befinden. Herausgenagt wird meist nur das weiche Frühjahrsholz. Der Splint wird kaum angegriffen, da er zu harzreich ist. Der Baum bleibt also lebensfähig. Die Ernährung besteht fast ausschließlich aus Blattlaushonig. Erkennung durch die ausgeworfenen weißen Nagespäne und die tiefgehenden Schwarzspechtlöcher (nicht immer vorhanden). Oft sind Nester von über 12 Bäumen miteinander verbunden, wobei nur der Hauptnestbaum die Kennzeichen trägt.

Forstliche Bedeutung: Voraussetzungen für einen Befall sind Verletzungen und Schwächung der Stämme. Meist werden von Rotfäule befallene Stämme angegangen. Die Bäume sterben nicht ab, werden jedoch entwertet.

Maßnahmen: Wenn vertretbar, sollten sie als Spechtbäume (Nahrung und Bruthöhle) erhalten bleiben. Eine Ausbreitung in gesunde Stämme ist nicht wahrscheinlich.

MAULWURFSGRILLE, WERRE (*GRYLLOTALPA GRYLLOTALPA*)

Familie: Maulwurfsgrillen *(Gryllotalpidae)*

Grille: 3–5 cm; dunkelbraun, samtartig behaart; Vorderbeine zu Grabschaufeln umgebildet; lange Schwanzgabel; Flügeldecken kurz, Unterflügel lang und breit; ♂ mit Schrillorgan.
Eier: Hanfgroß, etwas plattgedrückt, glatt, gelblichweiß, zähschalig.
Larve: Anfangs weißlich und ohne Grabfüße, ameisenähnlich; später bräunlich, dem Vollkerf sehr ähnlich.

Vorkommen: Liebt frischen, lockeren, sandigen, nicht beschatteten Boden, ohne jedoch feuchten und moorigen Boden zu meiden
Flugzeit: Juni/Juli während der Begattungszeit
Generation: Meist 2jährig

Ökologie: Die Grille lebt hauptsächlich unterirdisch und gräbt dort bis fingerdicke Gänge. Sie kann notfalls auch schwimmen. Die Eiab-

Maulwurfsgrille

lage findet Mitte Juni–Mitte Juli in 10 cm tiefen Erdnestern statt (Brutpflege). Die Nahrung der Junglarven besteht ausschließlich aus Humusstoffen und jungen Wurzeln. Die Entwicklungsdauer der Larven beträgt 16–18 Monate. Größere Larven sowie Alttiere ernähren sich von Schnecken, Engerlingen und Insektenlarven, aber auch von Wurzeln, keimenden Samen und dgl. Nachts fressen sie an der Oberfläche an Keimlingen und Pflanzen.

Forstliche Bedeutung: Wegen des Wurzelfraßes und der Unterwühlung der Jungpflanzen ein gefürchteter Schädling in Forstgärten. Verzehrt aber auch zahlreiche Schädlinge.

Maßnahmen: Ausheben der Nester Ende Juni/Anfang Juli. Förderung von Freßfeinden, etwa Maulwürfe und Spitzmäuse. Eingießen von Wasser, Öl und wieder Wasser. Die Grillen ersticken oder kommen an die Oberfläche. Verwendung von chemischen Bekämpfungsmitteln oder Seifenlauge möglich.

KLEINE FICHTENGALLENLAUS (ADELGES LARICIS)

Familie: Fichtengallenläuse *(Adelgidae)*

Vorkommen: Fichte dient als Hauptwirt, als Nebenwirt dient die Lärche

Gallen der Kleinen Fichtengallenlaus

Ökologie: Sind Gallenläuse mit Generationswechsel (2jähriger Holozyklus) und Wirtswechsel. Die ♀ legen die Eier hauptsächlich an den Seitenzweigen von Fichtenstangenhölzern über 15 Jahre ab. Diese sind meist durch ungünstige Standorte geprägt (Trockenheit, Umwelteinflüsse). Die Gallen werden im Juni/Juli reif. Sie sind endständig (Trieb wächst nicht mehr weiter), grün, erdbeerförmig und kleiner als die der Großen Fichtengallenlaus *(Sacciphantes viridis)*.

Forstliche Bedeutung: Schäden sind sehr gering. Auf der Fichte kommt es durch die Vergallung der Triebknospen zu Zuwachsverlusten. Auf der Lärche entsteht geringer Schaden durch das Saugen der Läuse. Die Nadeln werden gelbfleckig, können abknicken und vorzeitig abfallen.

Holozyklus siehe „Große Fichtengallenlaus“ *(Sacciphantes viridis).*

GROSSE FICHTENGALLENLAUS (SACCIPHANTES VIRIDIS)

Familie: Fichtengallenläuse *(Adelgidae)*

Vorkommen: Die Fichte dient als Hauptwirt, als Nebenwirt dient die Lärche.

Ökologie: Es handelt sich um Gallenläuse mit Generationswechsel (2jähriger Holozyklus) und Wirtswechsel. Die Fichte dient als Hauptwirt, als Nebenwirt die Lärche. Die Muttertiere legen an bis zu 15 Jahre alten Jungfichten mit weißen Wachsfäden bedeckte Eier ab. Durch ihr Saugen entstehen im Frühjahr an der Knospenbasis grüne, ovale, ananasförmige Gallen, die vom Trieb durchwachsen sind. Der Trieb wächst weiter. Die Gallen werden im Juli/August reif, trocknen aus, werden braun, öffnen sich und entlassen die darin entwickelten Läuse. Im Juli/August fliegen die jungen Läuse auf die Lärche über. Dort treten Saugschäden in Form von Nadelknicken auf. Die Überwinterung findet als Larve *(Fundatrix)* an der Triebbasis der Fichte oder als Larve *(Hiemosistens)* an der Rinde der Lärche statt.

Forstliche Bedeutung: Die Laus ist meist harmlos und eine Bekämpfung normalerweise nicht notwendig. Schäden nur in Christbaumkulturen bei flächigem Auftreten und bei Krummwuchs.

Holozyklus: Im Sommer schlüpft aus dem befruchteten Ei die Stammutter, die sich mit ihrem Saugrüssel an der Basis einer Fichtenknospe verankert und dort im ersten oder zweiten Larvenstadium überwintert. Im nächsten Frühjahr ist die Laus geschlechtsreif und legt Anfang Mai 100 bis 160 unbefruchtete Eier ab, die an der Fichtenrinde fixiert sind. Die Laus schützt sich selbst und die Eier mit einer Wachswoll-

Galle der Großen Fichtengallenlaus

Verlassene Gallen

decke gegen Witterungsextreme, wodurch sie gut sichtbar werden. Die Fichtentriebe werden in der Folge zu einem abnormalen Dickenwachstum angeregt. Nach ca. 1–2 Wochen schlüpfen die Larven und befestigen sich mit ihren Saugrüsseln zur Nahrungsaufnahme an Jungtrieben. Sie werden infolge des Breitenwachstums der Fichtentriebe in Kammern eingeschlossen. Es bildet sich eine hellgrüne Ananasgalle (bei *Adelges laricis* eine kleinere, endständige Erdbeergalle).

Innerhalb der Kammer wachsen die Läuse zu geflügelten Läusen, sogenannten Nymphen, heran, die sich im Sommer zur geflügelten Wanderform häuten *(Alata migrans)* und die braungefärbten Gallen verlassen. Diese fliegen dann auf die Lärche über, wo sie ca. 50 Eier ablegen. Nach rund drei Wochen schlüpfen die Junglarven *(Hiemales)* und durchdringen mit Hilfe ihres Saugrüssels dünne Rindenstellen, um sich dort festzusaugen und zu überwintern.

Im April des darauffolgenden Jahres werden aus den Larven fortpflanzungsfähige ♀, diese legen im Mai ca. 15–30 Eier in die Rindenritzen der Lärche. Die aus den Eiern schlüpfenden Jungläuse saugen sich an den Lärchennadeln fest. Ende Juni sind die geflügelten Läuse *(Sexuparae)* erwachsen und fliegen auf die Fichte über. Dort legen sie Eier an die Unterseite junger Fichtennadeln, aus denen innerhalb von 14 Tagen ♂ und ♀ schlüpfen *(Sexuales)*. Nach ca. vier Wochen sind diese erwachsen, und die ♀ legen nach der Begattung nur ein Ei in der Nähe der Knospenbasis, aus welchem noch im selben Jahr die Stammutter schlüpft.

GROSSE FICHTENQUIRLSCHILDLAUS (PHYSOKERMES PICEAE)

Familie: Napfschildläuse *(Coccidae)*

Laus: ♀ 1,2 mm lang, 1 mm breit; rötlich; ♂: Kleiner, kommen nur seltener vor; ihre Minderheit wird dadurch kompensiert, daß sie durch ihre Flügel einen größeren Aktionskreis haben.

Eier („Brutblasen“): Erbsengroße, glatte, hell-rotbraune Deckhüllen, die aufgeblasenen Kaffeebohnen ähneln.

Vorkommen: Neben der Rotfichte auch auf Sitka- und anderen Fichten. Bevorzugte Gebiete sind warme und trockene Klimate

Ökologie: Im Juni legt das ♀ unter seinem Schild etwa 1500 rote Eier, welche im selben Monat als kleine blaßrote Larven schlüpfen und in den

Große Fichtenquirlschildlaus

Achseln der Wirtszweige saugen. Im September häuten sie sich und nehmen eine braune Färbung an. Anschließend wandern sie in den obersten Knospenquirl, wo sie zwischen den Schuppen überwintern. Im Frühjahr geht ein kleinerer Teil der Larven auf die Nadeln und entwickelt sich unter einer weißen, fibrösen Wachsschicht zu geflügelten ♂ (Ende Mai). Die Mehrheit der Larven bleibt und wird nach einer weiteren Häutung zu weiblichen Läusen mit zunächst gelblichem, später bräunlichem Schild.

Forstliche Bedeutung: Seltener Schädling, der jedoch durch Saftentzug zu verspätetem Austrieb, Vergilben und Absterben von Nadeln und Zweigen sowie zu Wachstumshemmungen führen kann. Die größten Schäden verursacht die Laus jedoch auf trockenen Standorten und in jungen Kulturen. Durch Honigtau-Exkremente der ♀ werden Ameisen, Bienen, Wespen und Rußtaupilze angelockt. Letztere verursachen durch ihre dunklen Hyphen eine Schwarzfärbung von Nadeln und Sproßabschnitten. Als Lieferant von Honigtau jedoch überwiegend nützlich.

Maßnahmen: Wenn nötig, Absammeln und Zerquetschen der Brutblasen.

Sitkalaus, Fichtenröhrenlaus (*Liosomaphis abietina*)

Familie: Röhrenläuse *(Aphididae)*

Ungeflügelte Virgo, 1–1,5 mm; während des ganzen Jahres; im Frühjahr und Sommer auch geflügelte Virgines; beide grün mit roten Augen.

Eier der Sitkalaus

Sitkaläuse auf Nadeln

Vorkommen: An Fichten-Arten; Sitkafichte am stärksten gefährdet
Flugzeit: Ab Mitte März–Anfang April
Generation: 1jährig

Ökologie: Die Überwinterung erfolgt als Ei, in günstigen Klimaten auch als Virgo. Die Läuse schlüpfen zwischen Mitte März und Anfang April aus dem Winterei und sitzen später an der Unterseite der Nadeln, meist im unteren, beschatteten Teil des Baumes.

Forstliche Bedeutung: Durch ihr Saugen entstehen an den Nadeln gelbe Flecken und Bänder. Die Nadeln verfärben sich braun oder violett und fallen schließlich ab. Die alten Nadeln werden bevorzugt, die diesjährigen bleiben meist erhalten.

Maßnahmen: Standortgerechte Pflanzung und weitgehende Erhaltung des natürlichen Gleichgewichtes. Natürliche Feinde sind Marienkäfer und Schwebfliegen. Evtl. Verwendung von chemischen Bekämpfungsmitteln.

Tanne/Douglasie

KLEINER TANNENBORKENKÄFER (*CRYPHALUS PICEAE*)

Familie: Borkenkäfer *(Scolytidae)* – Unterfamilie: Echte Borkenkäfer *(Ipinae)*

Käfer: 1,1–1,8 mm; hellbraun, fein seidig glänzende Schuppen, kugelförmig gewölbtes Pronotum; Deckflügel mit wenig hervortretenden Punktreihen; an den Seiten mit kurzen Haaren.

Vorkommen: An Tannen-Arten, bevorzugt Kronenraum älterer Bäume; auch an dünnrindigem Stangenholz; Wipfelstücke und Bestandesabfall werden gerne angenommen
Flugzeit: März/April (Frühschwärmer), Juni
Generation: Meist 2 Generationen pro Jahr

Ökologie: Typisch ist ein platzartiger „Muttergang", fast immer nur im Splint liegend, mit Eiablage in Häufchen. Die Larvengänge verlaufen sternförmig. Bei dichter Besiedelung völlige Vermulmung der Rindenschicht. Der Reifungsfraß der Jungkäfer findet im Kronenraum in dünneren Ästen statt. Den Überwinterungsfraß findet man in Form kurzer Gänge in Ästen und Zweigen älterer Tannen, erkennbar an Bohrmehl- und Harzaustritt.

Forstliche Bedeutung: Eigentlich Sekundärschädling. Infolge unaufgearbeiteten Schlagrücklasses kann es jedoch zu Massenvermehrungen kommen, in deren Verlauf auch gesunde Bäume, für den Überwinterungs- und anschließenden Brutfraß, befallen werden können. In der Folge kommt es zum Absterben der betroffenen Bäume und zu einer Erhöhung der Befallsbereitschaft gegenüber anderen Borkenkäfern (z. B. *Ips curvidens*).

Typische Fraßbilder des Kleinen Tannenborkenkäfers

Maßnahmen: Entfernung des befallenen Holzes; Bereitstellung von Fangmaterial; Überwachung.

KRUMMZÄHNIGER TANNENBORKENKÄFER (*PITYOKTEINES CURVIDENS*)

Familie: Borkenkäfer *(Scolytidae)* – **Unterfamilie:** Echte Borkenkäfer *(Ipinae)*

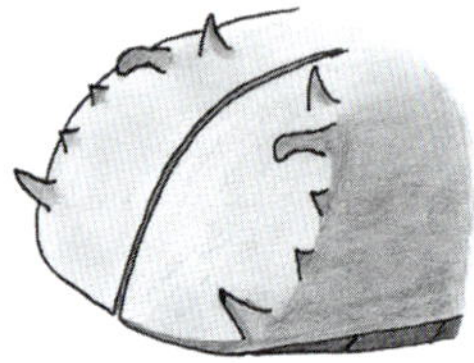

Käfer: 2,5–3 mm; schwarzbraun; Fühler gelb, zylindrisch; beim ♀ Haare auf Stirn und Halsschild gleich lang; 1. Zahn senkrecht; 2. Zahn groß, hakenförmig; 3. Zahn lang, spitzkegelförmig.

Vorkommen: An Tannen-Arten; selten an Fichte und Lärche
Flugzeit: März/April, Juli/August
Generation: 2 Generationen/Jahr; Geschwisterbruten und 3. Generation möglich

Typische Doppelklammer

Ökologie: Der Käfer befällt im Frühjahr (April/Mai) ältere Tannenstangen, unter deren Rinde er sich entwickelt. Die Jungkäfer erscheinen ab Ende Juni. Von Juli bis August gründen sie eine zweite Generation, die im Larvenstadium überwintert.
Polygamer Rindenbrüter. Das ♀ legt, ausgehend vom Einbohrloch, nach beiden Seiten je einen quer zur Holzfaser verlaufenden Muttergang (teils im Splint verlaufend) an. Häufig dringt ein zweites ♀ durch dasselbe Loch ein, bohrt sich eine kurze Strecke weiter nach unten, um dann ebenfalls einen doppelten Quergang anzulegen. So entsteht die typische Doppelklammer. Die Larvengänge (manche bis zu 7 cm lang) liegen dicht nebeneinander. Die Puppenwiegen befinden sich in der festen Rinde oder im Splintholz. Der Reifungsfraß der Jungkäfer erfolgt im Anschluß an die Puppenwiegen. Die Überwinterung geschieht in kurzen Gängen in noch nicht weiter befallenen Bäumen, erkennbar an perlschnurförmigem Harzfluß.

Forstliche Bedeutung: Besonders an unterdrückten, physiologisch geschädigten und absterbenden Bäumen höherer Altersklasse. Gefährlich besonders in Trockenjahren und nach vorangegangenem Befall durch andere Insekten wie Tannentrieblaus und Tannentriebwickler.

Maßnahmen: Gründliches Ausräumen der Käferherde vor Beginn der Flugzeit. Kontrollfangbäume und Fangbäume in der Nähe von Überwinterungsbäumen bereitstellen.

(Nordmanns-)Tannentrieblaus (*Dreyfusia nordmannianae*)

Familie: Fichtengallenläuse *(Adelgidae)*

Vorkommen: Ist mit der Nordmannstanne aus dem Kaukasus gekommen, befällt jedoch auch die Weißtanne. Bevorzugt sonnige Südhänge und freistehende Kulturen, vor allem Jungtannen im Freistand, an Bestandesrändern und in Christbaumkulturen außerhalb des natürlichen Verbreitungsgebietes.

Tannentriebläuse

Ökologie: Im Frühjahr kommt es zur Eiablage der überwinternden Läuse unter Wachswollausscheidung. Die im Mai schlüpfenden Larven *(Sistentes)* saugen mit langen Stechrüsseln an dünnrindigen Zweigen und Ästen mit einer Rindendicke bis 2 mm. Die dabei erzeugten Kambiumnekrosen führen meist zum Absterben der Zweig- und Triebspitzen (Kronenrötungen und Wipfeldürre). Die unteren, weiterlebenden Abschnitte schwellen flaschenförmig an. Die Ausbreitung des Schadens erfolgt durch die *Progredientes* (Frühjahrslarven mit kürzerem Stechrüssel). Sie wandern auf die Unterseiten junger Nadeln und saugen dort. Dadurch krümmen sich die Nadeln, vergilben und fallen schließlich ab. Die kahlen Jungtriebe nehmen beim Absterben schlangenähnlich gewundene Formen an.

Forstliche Bedeutung: Nach mehrfachem, starkem Befall können junge Tannen ganz absterben. Verwechselbar mit der Weißtannentrieblaus *(Mindarus abietinus)*, bei dieser werden die Nadeln jedoch nach oben gekrümmt.

Maßnahmen: Ausschneiden befallener Bäume im Winter. Eine Übertragungsgefahr auf nicht befallene Bäumchen kann ausgeschlossen werden. Eine zu frühe Freistellung sollte vermieden werden. Kontrolle von Baumschulpflanzen, da die Läuse oft von diesen eingeschleppt werden. Bei fortgeschrittenem Befall chemische Bekämpfung mit

Hilfe von Kontaktinsektiziden (systemischen Mitteln). Es hat sich auch die wiederholte Bekämpfung mit paraffinölhältigen Mitteln bewährt. Bekämpfungserfolge unter 98 % führen meist zu neuen Massenvermehrungen.

DOUGLASIENWOLLAUS (*GILLETTEELLA COOLEYI*)

Familie: Fichtengallenläuse *(Adelgidae)*

Vorkommen: Meist anholozyklisch an Douglasien oder auf Sitkafichten aller Altersklassen

Douglasienwolläuse

Ökologie: 2jähriger Entwicklungszyklus. Wird ein Wirtswechsel vollzogen, dann auf Sitkafichte. Die *Neosistentes* (Larven der *Sistentes,* je nach Alter grün, braun oder schwarz) saugen und überwintern an vorjährigen und älteren Nadeln der Douglasie. Wenn sie im Frühjahr das Saugen fortsetzen, scheiden sie feine Wachsfäden aus, die als dichte, wollige Schutzhülle dienen. Bis Anfang Mai hat sich die Larve unter der Wachswolle zur *Sistens* entwickelt, welche etwa 300 winzige, orangerote unbefruchtete Eier legt. Aus diesen entwickeln sich etwa Mitte Mai sowohl *Neosistentes* als auch die sogenannten *Neoprogredientes* (Larven). Die *Neosistentes* besaugen ältere Nadeln, an denen sie auch überwintern und den oben beschriebenen Fortpflanzungszyklus wiederholen. Die *Neoprogredientes* dagegen wandern auf junge Maitriebe. Dort saugen sie an den Nadeln, die sich dadurch zu krümmen beginnen, vergilben, schließlich braun werden und nicht selten abfallen.

Forstliche Bedeutung: Stellen eine ernste Gefahr für junge Pflanzen dar. Am Nebenwirt führt das Saugen an den Nadelunterseiten zu einer Unterentwicklung der Triebknospen (oft hakenförmig gekrümmte Vergallung) und zu Zuwachsverlusten.

Maßnahmen: Bekämpfung mit chemischen Mitteln nur in Baumschulen und Pflanzgärten bei Sämlingen und einjährigen Pflanzen sinnvoll. Im Forstbetrieb nicht angebracht.

Kiefer

Kleiner Waldgärtner (Tomicus minor)

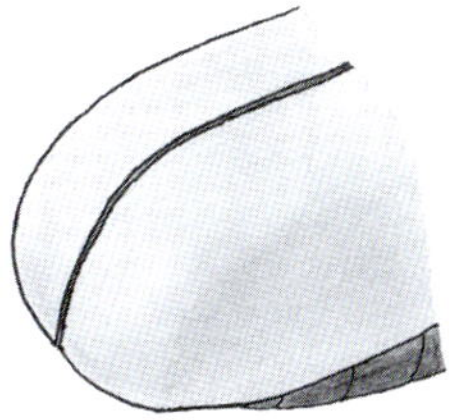

Familie: Borkenkäfer *(Scolytidae)* – **Unterfamilie:** Bastkäfer *(Hylesininae)*

Käfer: 3,5–4 mm; schwarz mit rotbraun glänzenden Flügeldecken und Beinen; Ähnlichkeit mit dem Großen Waldgärtner *(Blastophagus piniperda),* nur kleiner und ohne eine Schattenfurche; Stirn leicht punktiert.

Vorkommen: An Kiefern-Arten; bevorzugt im Kronenbereich in eher dünner Rinde. Selten an Fichte und Lärche
Flugzeit: April/Mai
Generation: Meist 1jährig, in wärmeren Gebieten bis zu 2 Generationen pro Jahr

Ökologie: Die Muttergänge sind tief in den Splint greifende, 6–8 cm lange, doppelarmige Quergänge (Klammergang) mit kurzem Eingangsstiel. Es kommt zu einer Unterbrechung des Saftflusses. Die 2–3 cm langen Larvengänge sind weit voneinander entfernt und in Faserrichtung verlaufend. Die Puppenwiegen befinden sich tief im Splint. Im Juli kommen die Jungkäfer zum Vorschein, deren Reifungsfraß an einjährigen Kieferntrieben bis spät in den Herbst hinein stattfindet. Ausgehöhlte Triebabsprünge und starke Kronendurchlichtungen sind die wichtigsten Befallsmerkmale. Überwintert wird in der Bodenstreu.

Typische doppelarmige Quergänge (Klammergänge)

Forstliche Bedeutung: Wesentlich unangenehmer als der Große Waldgärtner, da er den Saftstrom im Stamm unterbricht und eher als Primärschädling auftritt. Befällt neben frisch eingeschlagenen Stämmen häufig auch stehende, nur wenig geschwächte Bäume. In den Brutsystemen kommt es zu einer ausgedehnten Entwicklung von Bläuepilzen, die von den Käfern übertragen werden. Der Reifungsfraß der Jungkäfer führt durch Triebverluste zu einer starken Kronenauslichtung („Waldgärtner") sowie zu Zuwachsverlusten.

Maßnahmen: Rechtzeitige Bereitstellung von Fangbäumen. Entrindung vor der Ausbildung der Puppenwiegen.

GROSSER WALDGÄRTNER (*TOMICUS PINIPERDA*)

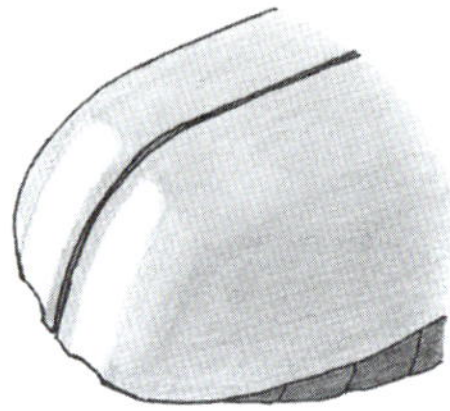

Familie: Borkenkäfer *(Scolytidae)* – **Unterfamilie:** Bastkäfer *(Hylesininae)*

Käfer: 3,5–4,8 mm; glänzend schwarzbraun; Fühler und Füße gelbrot; Jungkäfer heller gefärbt; besitzen typische Schattenfurche am Hinterleibsende; Stirn ist stark punktiert.

Vorkommen: An Kiefern-Arten, bevorzugt dickborkigen Bereich frisch gefällter oder absterbender Bäume, kann aber auch an jüngeren Bäumen bis zum Kulturalter vorkommen
Flugzeit: März/April (Frühschwärmer), ab 9° C Tagesdurchschnittstemperatur
Generation: 1 Generation pro Jahr sowie Geschwisterbruten

Ökologie: Der Muttergang ist als bis zu 12 cm langer, einarmiger Längsgang, der wenig den Splint schürft, an den Rändern meist mit Harz ausgekleidet ist und bei liegenden Stämmen krückstockartig beginnt, ausgeführt. Das Einbohrloch ist meist durch einen deutlichen Harztrichter gekennzeichnet. Der Larvengang ist lang, und die Puppenwiegen liegen fast ganz in der Rinde. Der Reifungsfraß der Jungkäfer beginnt im Juli/August in den einjährigen Trieben von Kiefern aller Altersklassen, die nach dem Aushöhlen im Herbst als Abbrüche abfallen. Der Regenerationsfraß der Altkäfer findet in zweijährigen

Muttergang mit Harz ausgekleidet

Reifungsfraß der Jungkäfer

Trieben statt. Die Überwinterung erfolgt als Käfer in der dickborkigen Stammbasis älterer Kiefern in eigens angelegten Gängen, selten auch im Boden.

Forstliche Bedeutung: Forstlich bedeutsam sind der Reifungs- und Regenerationsfraß und die dadurch verursachten Zuwachsverluste durch Mangel an Trieben sowie Kronenmißbildungen und das Absterben von Wipfelpartien (beschnittene Krone – Waldgärtner). Neigt bei Überangebot von bruttauglichem Material zu Massenvermehrungen. Die Übertragung von Bläuepilzen führt zur Wertminderung des in Rinde gelagerten Stammholzes.

Maßnahmen: Waldhygiene; rasche Abfuhr oder Entrinden von frisch geschlagenen Stämmen. Bereitstellung von Fangbäumen.

SCHWARZER KIEFERNBASTKÄFER (*HYLASTES ATER*)

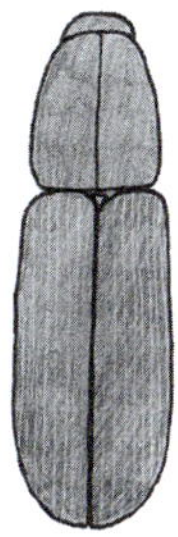

Familie: Borkenkäfer *(Scolytidae)* – **Unterfamilie:** Bastkäfer *(Hylesininae)*

Käfer: 4,5–4,8 mm; Flügeldecken schwarz, matt, Fühler und Füße rot; Halsschild länger als breit, etwas schmäler als Flügeldecken, punktiert, mit punktfreier Mittellinie; Flügeldecken mit starken Punktreihen.

Vorkommen: An Kiefern, selten an Fichte
Flugzeit: April/Mai (Frühschwärmer)
Generation: 1–2 Generationen pro Jahr

Ökologie: Der Muttergang ist ein einarmiger, 7–12 cm langer Längsgang, in der Stammbasis, in Stöcken oder am Wurzelanlauf („Wurzelbrüter"). Die davon quer abzweigenden 1–3 cm kurzen Larvengänge kreuzen und verwirren sich später oft dermaßen, daß ein an Familiengänge erinnerndes Fraßbild entsteht. Der Reifungsfraß der Jungkäfer findet mit Vorliebe in der zarten Rinde über und unter dem Wurzelhals 3 bis 10jähriger Kiefern- bzw. Fichtenpflanzungen statt, besonders auf Kulturflächen, er ähnelt dem „Großen braunen Rüsselkäfer", jedoch unregelmäßige, kurze, rinnenformige Gänge mit unterhöhlten Fraßrändern. An den Fraßstellen tritt Harz aus.

Forstliche Bedeutung: Als Kulturschädling in jüngeren Kiefernkulturen. Der Ernährungsfraß der Käfer bringt junge Kiefern- bzw. Fichtenpflanzen leicht zum Absterben. Befall der Jungkulturen wird oft erst nach Beendigung des Käferfraßes durch Rotwerden bzw. durch Absterben der Pflanzen erkannt.

Maßnahmen: Vergleichbar mit Großem braunen Rüsselkäfer *(Hylobius abietis)*. Schutztauchen vor dem Auspflanzen oder Spritzen der Stämmchenbasis mit chemischen Bekämpfungsmitteln.

Zweizähniger Kiefernborkenkäfer (Pityogenes bidentatus)

Familie: Borkenkäfer *(Scolytidae)* – **Unterfamilie:** Echte Borkenkäfer *(Ipinae)*

Käfer: 2,0–2,8 mm; schwarzbraun, glänzend; am Absturz beim ♂ 2 deutlich erkennbare hakenförmige Zähne, glänzend, Rand mit mehreren Körnchen.

Vorkommen: An Kiefern-Arten, vor allem Weißkiefer, selten an Lärche, Fichte, Tanne und Douglasie

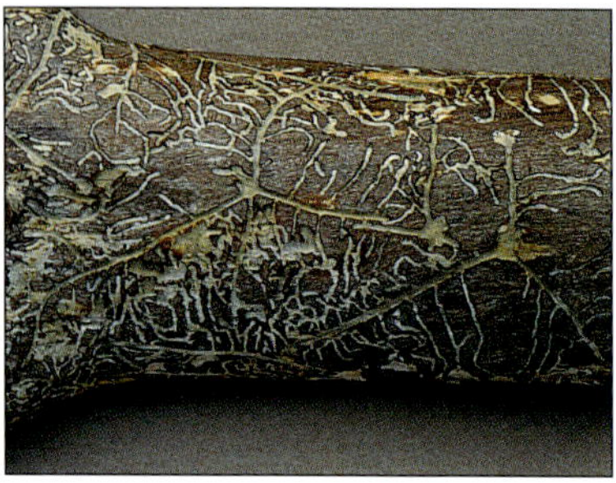

Fraßbild im Holz

Flugzeit: Mai/Juni, Juli/August
Generation: 2 Generationen

Ökologie: Polygamer Rindenbrüter. Das Brutbild ist sternförmig mit 3–7 Muttergängen. Die Rammelkammer und die Muttergänge schürfen den Splint tief. Die Larvengänge sind in schwachem Brutmaterial weitständig, in stärkerem enger gestellt, ca. 1–5 cm lang. Der Reifungsfraß der Jungkäfer findet im Anschluß an die Puppenwiegen statt. Regenerationsfraß als Ausbuchtung der Muttergänge. Die Überwinterung erfolgt als Larve, Puppe und Imago.

Forstliche Bedeutung: Der Brutfraß erfolgt vorzugsweise in dünner Rinde von Ästen und Stämmen physiologisch geschwächter und absterbender Bäume. Er schädigt jedoch auch ältere Kiefernbestände durch Kronenauflichtung und fördert dadurch die Befallsbereitschaft für andere Borkenkäferarten. Bei einem primären Befall erweist er sich auch in Kulturen als sehr schädlich.

Maßnahmen: Siehe Allgemeiner Teil – Borkenkäfer.

Sechszähniger Kiefernborkenkäfer (Ips acuminatus)

Familie: Borkenkäfer *(Scolytidae)* – **Unterfamilie:** Echte Borkenkäfer *(Ipinae)*

Käfer: 2,2–3,5 mm; Flügeldecken rötlichbraun, Beine und Fühler gelbrot; Fühler mit unterbrochenen Keulennähten, Pronotum fast die Größe der Deckflügel, vordere Hälfte gekörnt, hintere punktiert; Absturz siebähnlich punktiert, wird von je 3 Zähnen umrahmt, beim ♀ Mittelzahn trapezförmig.

Vorkommen: An Kiefern-Arten; bevorzugt Weißkiefer, selten an Fichte oder Lärche
Flugzeit: Ende April, evtl. August
Generation: 1–2 Generationen pro Jahr, von der Temperatur abhängig

Absturz: links ♀ rechts ♂

Ökologie: Polygamer Rindenbrüter. Das Brutbild ist sternförmig mit 2–12 bis zu 40 cm langen, mit Genagsel gefüllten Muttergängen und großer Rammelkammer, tief in den Splint schürfend. Die Larvengänge sind weitständig, oft alternierend und kurz, tief im Splint mit Pilzrasen bewachsen. Der Reifungsfraß der Jungkäfer findet entweder im Anschluß an die Puppenwiegen im Stamm oder im Kronenbereich junger Kiefern statt. Der Regenerationsfraß findet sich am Ende der Muttergänge. Die Überwinterung erfolgt als Jungkäfer im Brutsystem.

Fraßbild im Holz

Forstliche Bedeutung: Vorwiegend im Kronenbereich in Ästen und dünner Rinde kränkelnder Bäume, besonders in lockeren Beständen, auf Schlag- und Brandflächen. Geht von hier aus auf gesunde Bäume über und befällt vor allem die Wipfelregion. Auf waldlagerndes Holz werden häufig Bläuepilze übertragen.

Maßnahmen: Saubere Waldwirtschaft; Abtransport von in Wald lagerndem Stammholz.

GROSSER ZWÖLFZÄHNIGER KIEFERNBORKENKÄFER (*IPS SEXDENTATUS*)

Familie: Borkenkäfer *(Scolytidae)* – **Unterfamilie:** Echte Borkenkäfer *(Ipinae)*

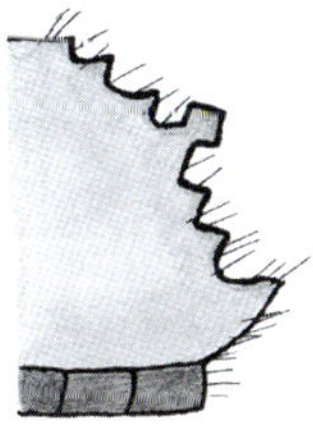

Käfer: 5,5–8 mm; hell- bis dunkelbraun, besonders im Bereich des Absturzes lang und dicht behaart; Halsschild länger als breit (1 ½ mal); Flügeldeckenabsturz schräg, Absturzfläche glänzend, grob punktiert; Rand des Absturzes jederseits mit 6 Zähnen besetzt (4. Zahn am größten und am Ende knopfförmig erweitert, an der Basis mit dem 3. verschmolzen).

Vorkommen: An Kiefern-Arten; bevorzugt die Weißkiefer

Flugzeit: April/Mai und Juli/August
Generation: Meist 2 Generationen pro Jahr, Geschwisterbruten möglich

Langgezogene Fraßgänge

Ökologie: Er ist ein polygamer Rindenbrüter. Das Brutbild ist sternförmig, mit 2–5 langen Muttergängen (bis 1 m lang), die eher in Längsrichtung verlaufen, und großer Rammelkammer. Im Verlauf häufig Luftlöcher (2–9 je Gang). Die Larvengänge sind lang (bis 9 cm) und quer verlaufend, die Puppenwiegen in den Splint eingesenkt. Der Reifungsfraß der Jungkäfer findet im Anschluß an die Puppenwiegen statt. Bei hoher Besiedlungsdichte das ursprüngliche Brutbild zerstörend. Regenerationsfraß der Altkäfer als unregelmäßige Verlängerung der Muttergänge. Überwintert wird in der Regel als Käfer, selten im Larvenstadium.

Forstliche Bedeutung: Häufig vorkommend, der verursachte Schaden ist jedoch relativ gering. Tritt normalerweise in dickborkigen Stammabschnitten absterbender oder frisch geschlagener Bäume auf. Technische Schädigungen an berindetem Stammholz im Waldlager entstehen überdies durch Übertragung von Bläuepilzen.

Maßnahmen: Siehe Allgemeiner Teil – Borkenkäfer.

Grauer Kiefernnadelrüssler, Gem. Graurüssler (*Brachyderes incanus*)

Familie: Rüsselkäfer *(Curculionidae)* – **Unterfamilie:** Kurzrüßler *(Adelognathi)*

Käfer: 8–11,5 mm; schwarzbraun mit kupferigen Schuppen, goldglänzend behaart, schmal und länglich, ungeflügelt.
Larve: Weiß, bauchwärts gekrümmt, augen- und beinlos.

Vorkommen: An Kiefern, vor allem in 8- bis 15jährigen Kulturen
Flugzeit: Juli/August
Generation: 1jährig

Ökologie: Die Eiablage erfolgt in Gruppen von 30 bis 125 Stück im Frühjahr in den Boden. Die Larven sind rhizophag und fressen an den Wurzeln von Kiefern und anderen Bodenpflanzen (Feinwurzeln werden abgefressen, stärkere Wurzeln werden geschält). Die Verpuppung erfolgt im Boden. Ab einer Larvenzahl von 40/m^2 wird die Population kritisch.

Gemeiner Graurüßler

Die Jungkäfer schlüpfen meist Anfang August und fressen nachts die frischen Nadeln von der Spitze her im typischen Schartenfraß. Tagsüber halten sich die Käfer, kopfabwärts sitzend, in den Triebspitzen unterhalb der Knospen auf und lassen sich bei Gefahr fallen. Das Fraßbild ist charakterisiert durch scharfe, halbkreisförmig ausgeschnittene Bögen, die bei stärkerem Fraß zusammenfließen (Schartenfraß); es kommt zum Harzaustritt, die Tropfen erhärten und ähneln Kalkspritzern.

Forstliche Bedeutung: Wichtiger Schädling älterer Kulturen, der oft in Verbindung mit der Kiefernschütte *(Lophodermium sedistiosum)*, mit Dürre oder mit Triebwicklern Kiefern zerstört.

Maßnahmen: Mechanisch durch Fanggräben gegen die flugunfähigen Käfer. In Pflanzgärten mit chemischen Mitteln gegen Larvenfraß.

KIEFERNKULTURRÜSSLER (PISSODES CASTANEUS, P. NOTATUS)

Familie: Rüsselkäfer *(Curculionidae)* – **Unterfamilie:** Langrüßler *(Phanerognathi)*

Käfer: 6–7 mm; rötlichbraun; Flügeldecken mit 2 hellbeschuppten Querbinden, die vordere (an der Flügelnaht unterbrochen) rotgelb, die hintere (durchgehende) außen gelb, innen weiß.

Vorkommen: An Kiefern, v.a. physiologisch geschwächte in der 1. Altersklasse
Flugzeit: April–September
Generation: 1jährig

Kiefernkulturrüßler

Verlassene Puppenwiegen

Ökologie: Frißt zur Saftzeit tiefe Löcher in die Rinde. Außerdem werden auch Knospen und junge Triebe ausgefressen. Die Eiablage erfolgt während der ganzen Flugzeit in ausgenagten Gruben in der Rinde. Die Larven fressen bis zum Splint, ohne zu schürfen, einen allmählich breiter werdenden geschlängelten Gang, der über dem Wurzelhals endet, wo sich die mit Nagespänen ausgepolsterte Puppenwiege befindet. Bei mehreren Larven geht das Schadbild strahlig auseinander (Strahlenfraß). Das Ausflugloch ist rund. Erkennungsmerkmale sind die Harztröpfchenbildung an der Rinde und das Rotwerden der Nadeln und Triebe. Die Jungkäfer überwintern und beginnen Ende April, nach kurzem Fraß und erfolgter Begattung, Eier abzulegen.

Forstliche Bedeutung: Im allgemeinen ein Sekundärschädling. Primär an schlechtwüchsigen Kulturen auf nährstoffarmen und trockenen Böden. Der Befall führt meist zum Absterben der Bäume.

Maßnahmen: Waldhygiene. Durchforstungsholz auf kleine Haufen geben und mit chemischen Mitteln bespritzen. Stangen aus der Winterfällung werden mehr angegriffen als die aus der Sommerfällung.

KIEFERNSTANGENRÜSSLER (PISSODES PINIPHILUS)

Familie: Rüsselkäfer *(Curculionidae)* – **Unterfamilie:** Langrüßler *(Phanerognathi)*

Käfer: 4–5 mm; rostbraun, mit je einem gelben Fleck pro Flügeldecke direkt hinter der Mitte.
Larve: Weiß, bauchwärts gekrümmt, augen- und beinlos.

Vorkommen: An Weißkiefer; vereinzelt auch an Weymouthskiefer
Flugzeit: Hauptschwärmzeit Ende April–Anfang Juni; Fortpflanzung kann sich auf gesamte Jahreszeit ausdehnen
Generation: Meist 1jährig

Kiefernstangenrüßler

Ökologie: Der Käfer legt seine Eier vor allem in die Spiegelrinde 30- bis 50jähriger Kiefernstangenhölzer, bei älteren Bäumen im oberen Stammbereich und an den Ästen. Die Eiablage erfolgt in ausgenagten Gruben in der Rinde. Die Larven fressen mit allmählich breiter werdenden geschlängelten Gängen bis zum Splint, ohne ihn zu schürfen. Bei mehreren Larven

Larve im Fraßgang

Verlassene Puppenwiege

treten strahlig auseinandergehende Fraßbilder auf (Strahlenfraß). Die Larvengänge sind mit dunklem Bohrmehl gefüllt und enden in einer in den Splint eingesenkten Spanpolsterpuppenwiege. Das Ausflugloch ist rund. Sofort erkennbar sind die mit weißem Bohrmehl gefüllten elliptischen Puppenwiegen.

Forstliche Bedeutung: Vor allem an 30- bis 50jährigen Kieferstangen, besonders an physiologisch geschwächten Bäumen (sekundär), manchmal primär an gesunden Bäumen. In Kulturen nach dem Befall durch andere Insekten oder auf ungünstigen Standorten gefährlich; der Befall führt zum raschen Absterben der Bäume.

Maßnahmen: Waldhygiene; Beseitigen befallener Bäume; Vernichten der Brut durch Entrinden oder Verbrennen; Bereitstellung von Fangbäumen.

KIEFERNALTHOLZRÜSSLER (*PISSODES PINI*)

Familie: Rüsselkäfer *(Curculionidae)* – **Unterfamilie:** Langrüßler *(Phanerognathi)*

Käfer: 7–9 mm; rot- bis schwarzbraun; dem Großen braunen Rüsselkäfer *(Hylobius abietis)* ähnlich; Halsschild mit scharf rechtwinkeligen Hinterecken; Elytren mit deutlichen Punktreihen an der Naht und zwei schwachen, gelben Binden.

Vorkommen: An Kiefern-Arten
Flugzeit: April–September
Generation: 1jährig

Ökologie: Die Eiablage erfolgt in Häufchen, daher entstehen Larvengänge mit typischem sternartigen „Strahlenfraß“. Die Puppenwiegen sind mit groben Spanpolstern ausgekleidet. Der Reifungs- und Ernährungsfraß der Käfer findet an Ästen und Trieben junger oder alter Bäume statt. Die Überwinterung erfolgt im Larvenzustand.

Kiefernaltholzrüßler

Puppenwiege und Fraßgänge

Forstliche Bedeutung: Obwohl die häufigste *Pissodes*-Art an Kiefer, ist die wirtschaftliche Bedeutung gering. Ein Befall gewinnt jedoch dadurch an technischer Bedeutung, daß er in der Regel mit der Einschleppung von Bläuepilzen verbunden ist. Der Käfer ist ein ausgesprochener Sekundärschädling, der eine Vorliebe für schwache, unterdrückte und nicht durchforstete Bestände hat.

Maßnahmen: Zwei Serien von Fangbäumen (März, Mai). Berindetes Holz an Holzlagern mit chemischen Mitteln schützen.

Blauer Kiefernprachtkäfer (*Phaenops cyanea*)

Familie: Prachtkäfer *(Buprestidae) – Buprestis-Typ*

Käfer: 8–11 mm; ovaler, abgeflachter Körper, einfarbig blau oder blaugrün gefärbt; dicht punktierte Elytren mit dreigliedrigen, schwach sägeförmig erweiterten Fühlern.
Larve: Kurzes, aber verbreitertes Prothorakelsegment, das oberseits eine schmal-ovale, median geteilte, stark gerunzelte Chitinplatte zeigt.

Vorkommen: An Kiefernarten; vorwiegend im Stangen- und Baumholzalter unter Bevorzugung verlichteter Bestände bzw. von Bestandesrändern; zunehmende Bedeutung
Flugzeit: Juni/Juli
Generation: Meist 2jährig

Ökologie: Bei Sonnenschein sehr flüchtig. Trockene Sommer, starke Winterfröste sowie Pilzschäden können an gefährdeten Standorten Kiefern für Befall disponieren. Dabei werden bereits geschwächte Bestände bevorzugt. In Kiefernbeständen von geringer Ertragsklasse ist ein Übergreifen auf gesunde Bäume möglich. Die Eier werden einzeln in Borkenritzen abgelegt. Die Junglarven fressen lange im Bast und schaffen flache, zickzackförmig gewundene und sich über-

Blauer Kiefernprachtkäfer

kreuzende Gänge. Befall anfangs sehr schwer erkennbar. Gänge der älteren Larven (2. Fraßjahr) breit und mit wolkigem Bohrmehl gefüllt. Die Puppenwiegen werden in der Rinde, bei dünnen Stämmchen auch im Holz, angelegt. Die Überwinterung als Larve erfolgt zweimal. Die Verpuppung findet im Frühjahr in der Rinde statt.

Forstliche Bedeutung: Es werden vorwiegend alte Kiefern mit dicker Borke befallen, auch mannshohe kränkelnde Kiefern und Fichten werden angefressen. Forstlich nicht ganz unbedeutend, da mitunter auch gesunde Stämme befallen werden. Überträgt Bläuepilze.

Maßnahmen: Rechtzeitiges Erkennen und Entfernen der befallenen Kiefern. Sorgfältiges Verbrennen der Rinde bis spätestens Ende Mai. Zu Beginn der Flugzeit, vor allem an sonnigen Bestandesrändern, Fangbäume werfen.

VIERPUNKTKIEFERNPRACHTKÄFER (*ANTHAXIA QUADRIPUNCTATA*)

Familie: Prachtkäfer *(Buprestidae)* – *Buprestis-Typ*

Käfer: 5–7 mm; schwarzgrün mit Erzschein; Halsschild durch 4 quere Grübchen gekennzeichnet (Name!).
Larve: Erstes Thoraxsegment stark verbreitert („kochlöffelförmig").

Vorkommen: An Kiefernarten; fallweise auch an Fichte und Lärche
Flugzeit: Juni/Juli
Generation: 2jährig

Ökologie: Die Larven entwickeln sich an dünnrindigem Stamm- und Astmaterial in längslaufenden, unregelmäßig geschlängelten, scharfrandigen und mit Bohrmehl verstopften Gängen. In den Fraßgängen seitlich sind die typischen Nagespuren der Larve erkennbar. Das Schadbild ist leicht mit dem vom „Kleinen Wespenbock" *(Caenoptera minor)* zu verwechseln. Die Verpuppung findet in

Vierpunktkiefernprachtkäfer

Hakengängen oft sehr tief im Splint statt. Die Larven entwickeln sich zwischen Bast und Splint von Tannen, Fichten und Lärchen. Überwintert wird als Larve. Der Ernährungsfraß der Altkäfer findet auf Blumen (Löwenzahn, Huflattich) statt.

Forstliche Bedeutung: Sekundärschädling in geschwächten, undurchforsteten Beständen mit geringerer forstlicher Bedeutung.

GROSSER KIEFERNPRACHTKÄFER (*CHALCOPHORA MARIANA*)

Familie: Prachtkäfer *(Buprestidae)* – *Buprestis-Typ*

Käfer: 24–30 mm; langoval, mäßig gewölbt; Oberseite dunkel-erzbraun, die vertieften Stellen kupferig mit Messingglanz; Halsschild mit länglichen Unebenheiten; Flügeldecken längsgerippt, mit flachen Eindrücken; Unterseite kupferig glänzend.

Vorkommen: In Kiefernwäldern
Flugzeit: Mitte Juli–Mitte August
Generation: Meist 2jährig

Ökologie: Die Larve frißt tief in abgestorbenem Kiefernholz, vor allem in alten Kiefernstöcken, wo auch die Entwicklung stattfindet. Die befallenen Stöcke werden oft stark in Wurmmehl verwandelt.

Großer Kiefernprachtkäfer

Forstliche Bedeutung: Belanglos; an der Aufarbeitung morschen Holzes beteiligt und somit zumindest bodenbiologisch bedeutungsvoll. Andererseits fällt der Käfer stets durch Größe und Häufigkeit auf und wird deshalb oft für einen bedeutenden Schädling gehalten. Steht unter Naturschutz!

KIEFERNZWEIGBOCK (*POGONOCHAERUS FASCICULATUS*)

Familie: Bockkäfer (Cerambycidae) – **Unterfamilie:** *Lamiinae*

Käfer: 5–8 mm; braun mit grauer und bräunlicher Behaarung; auf dem Halsschild 2 stumpfe Höckerchen; Flügeldecken mit weißbehaarter Querbinde und schwarzen Höckerchen gegen die Spitze; Flügeldecken an der Spitze abgerundet mit schwarzen, pinselförmigen Haarbüscheln.

Vorkommen: Bevorzugt in Kronen älterer Kiefern (seltener in Kulturen und Fichten)
Flugzeit: April–Juni
Generation: 2jährig oder 1jährig mit überwinternden Larven

Kiefernzweigbock

Ökologie: Die Eier werden an der Rinde von Zweigen und jungen Stämmchen abgelegt. Die Larven fressen unter der Rinde in den Splint eingreifende, scharfrandige, mit weißem Genagsel angefüllte unregelmäßige, breiter werdende Fraßgänge. Die Verpuppung findet im Spätsommer in hakenförmigen Puppenwiegen im Holz statt. Überwinterung als Käfer in den Puppenwiegen.

Forstliche Bedeutung: Häufiger Sekundärschädling nach Problemen mit Pilzen, Trockenheit, Schneebruch oder Raupenfraß. Schädigung durch Larvenfraß, der das Absterben geschwächter Zweige und jüngerer Stämmchen beschleunigt. Erkennungsmerkmale sind zahlreiche herabfallende, mit Larvengängen besetzte Zweige bzw. Nadelbräunung und Absterben der Zweige.

Maßnahmen: Waldhygiene; guter Bestandesschluß, da untersonnte Ränder besonders gefährdet sind; Holzartenwechsel.

Zimmermannsbock (*Acanthocinus aedilis*)

Familie: Bockkäfer *(Cerambycidae)* – Unterfamilie: *Lamiinae*

Käfer: 12–20 mm; ziemlich flach, dicht grau behaart; sehr lange Fühler (♂ bis 5fache Körperlänge); Halsschild mit 4 kleinen gelben Höckerflecken in einer Querreihe und je 1 Seitendorn; Flügeldecken mit 2 undeutlichen, dunkleren, schrägen Querbinden und 3 schwachen Längsrippen; ♀ mit sehr langer Legeröhre.

Vorkommen: Auf abgestorbenen (Stöcken) oder gefällten Kiefern
Flugzeit: In den ersten warmen Frühlingstagen
Generation: 1jährig, doppelte Generation unter günstigen Umweltverhältnissen möglich

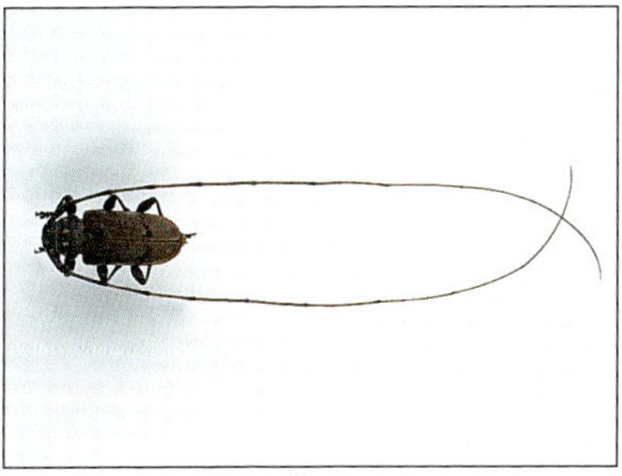

Zimmermannsbock ♂

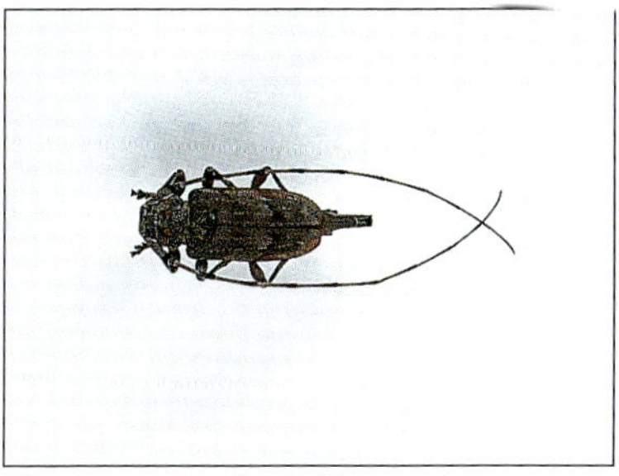

Zimmermannsbock ♀

Ökologie: Die Eiablage erfolgt mit einer langen Legeröhre in genagten Eitrichtern, sehr tief in der Rinde. Die Larven fressen unregelmäßig gewundene Gänge unter der Rinde im Bast unter Verschonung des Splints. Die Larvengänge sind mit groben Nagespänen gefüllt. Die Verpuppung findet in einer flachen, schüsselförmigen, mit Holzspänen kranzartig umgebenen Puppenwiege statt. Überwintert wird als Jungkäfer in der Puppenwiege. Das Ausschlüpfen erfolgt durch ein ovales Flugloch.

Forstliche Bedeutung: Evtl. sekundär nach Kieferneule *(Panolis flammea);* eher selten geworden; trotz häufigen Vorkommens ohne besondere wirtschaftliche Bedeutung, da meist nur Stöcke oder abgestorbene Stämme befallen werden und die Larvengänge und Puppenwiegen nicht tiefgreifend sind.

Maßnahmen: Sind nicht notwendig.

SCHWARZBRAUNER KIEFERNBLATTKÄFER (LUPERUS PINICOLA)

Familie: Blattkäfer *(Chrysomelidae)*

Käfer: 3–4,5 mm; gestreckt, wenig gewölbt; Flügeldecken schwarz; Halsschild, Fühler und Beine ganz oder teilweise rot.

Vorkommen: Besonders an 6- bis 20jährigen Kiefernkulturen, seltener auch an Fichte
Flugzeit: Mai–Juli
Generation: 1jährig

Ökologie: An der Nadelunterseite kommt es zu einem Rinnenfraß der Käfer, an der Oberseite und an der weichen Rinde der Maitriebe, meist unterhalb der Basis der Nadeln, erfolgt ein Plätzefraß. Der Kahlfraß dauert gewöhnlich von Mitte Mai bis Ende Juli. Die Nadeln verfärben sich rotbraun. Die Eier werden am Boden abgelegt. Die Entwicklung der Larven findet möglicherweise an Graswurzeln statt. Verpuppt und überwintert wird ebenfalls im Boden.

Schwarzbrauner Kiefernblattkäfer

Forstliche Bedeutung: Es kommt zu lange andauernden Massenvermehrungen in Gebieten mit ungünstiger Wasserversorgung von nicht standortgemäßen bzw., physiologisch bedingt, schlechtwüchsigen Koniferenbeständen. Durch die hohen Nadelverluste entsteht ein Wachstumsrückgang. Geschädigte Bäume werden gerne von Folgeschädlingen angenommen.

Maßnahmen: Chemische Bekämpfungsmittel sollten vor Beginn des Reifungsfraßes zum Schutz der Maitriebe zum Einsatz kommen.

GELBER KIEFERNBLATTKÄFER (CRYPTOCEPHALUS PINI)

Familie: Blattkäfer *(Chrysomelidae)*

Käfer: 3,4–4 mm; hell lehmgelb; Kopf rotbraun, Elytren oft mit rotbraunem Schulterfleck und verwachsener Längsbinde; kräftige Beine, dicke Schenkel, zusammengedrückte Schienen; zieht bei Beunruhigung den Kopf ein.

Vorkommen: An Kiefern, fast ausschließlich in 5- bis 10jährigen, schlechtwüchsigen Kiefernpflanzungen; selten an Fichte und Tanne. Einzelbäume und Bestandesränder werden bevorzugt
Flugzeit: August–Oktober
Generation: 1jährig

Gelber Kiefernblattkäfer

Ökologie: Die Käfer fressen ab Juli 1–2 lange Rinnen in die Nadelunterseite und benagen die Triebspitzen. Die Eiablage findet bis Anfang November in einer Hülle aus Kot am Boden statt.
Die Larvenentwicklung und -überwinterung erfolgen am Boden. Die Larven sind unschädlich und ernähren sich von Pflanzenresten, Moosen u.ä. Zur Verpuppung baumen sie im Sommer auf. Bei der geringsten Berührung lassen sich die Käfer fallen – daher auch „Fallkäfer“ genannt.

Forstliche Bedeutung: Auf schlechtwüchsigen, trockenen Standorten kann der physiologische Schaden durch Käferfraß bedeutend sein. Der Fraß kann so stark sein, daß Nadelbräunung eintritt. Ein Absterben der Pflanzen wurde bisher nicht beobachtet.

Maßnahmen: Mit chemischen Mitteln, jedoch nur in Verbindung mit anderen Schädlingen wirtschaftlich.

Kieferneule, Forleule (*Panolis flammea*)

Familie: Eulen *(Noctuidae)*

Falter: Spannweite 30–35 mm; ♂ und ♀ wenig verschieden; Vorderflügel rotbraun bis graubraun, mit hellen, unregelmäßig gewellten Querbinden; mit 2 hellen Flecken, die sog. Nieren- und Ringmakel (= Eulenzeichnung); in Ruhestellung Vorderflügel dachförmig; Hinterflügel und Hinterleib graubraun; Fühler des ♂ kurz bewimpert.
Eier: Oberseits gewölbt; erst gelbweißlich, später grauviolett.
Raupe: 16beinig; 40 mm lang; gelblichgrün, nackt, 3–5 weißliche Rückenstrei--fen und beidseitig ein oranger Seitenstreifen; Kopf braun-orange ohne Zeichnung.
Puppe: Schwarzbraun, länglich mit zweispitzigem Aftergriffel; ein typisches Grübchen am 4. Segment.

Vorkommen: An Weißkiefer
Flugzeit: April–Anfang Mai
Generation: 1jährig

Forleule

Ökologie: Tagsüber sitzt der aufgrund seiner Färbung schwer erkennbare Falter ruhig an Stämmen. Die Eiablage erfolgt in einreihigen Zeilen (ca. 10 Stück) an der Unterseite vorjähriger Nadeln. Die Eier sind charakteristisch und unverwechselbar. Jungraupen fressen erst an den Mainadeln oder das Innere der Knospen. In der Folge kommt es zu einer frühzeitigen, raschen Entnadelung von außen nach innen und zur Spießbildung (Absterben des Wipfelastes und der oberen Astquirle). Später werden die Altnadeln abgefressen. Bei großem Nahrungsmangel (Massenvermehrungen) werden auch andere Nadelhölzer befallen. Die Verpuppung erfolgt Ende Juni–Juli in der untersten Streuschicht des Bodens. Die Überwinterung findet als Puppe im Boden statt.

Forstliche Bedeutung: Gefährlicher Kiefern- und typischer Massenschädling. Die Kieferneule gilt als Frühfresser, das bedeutet, daß einmaliger Fraß meist gleich zum Absterben der befallenen Bäume führt. Bei Lichtfraß besteht die große Gefahr eines Befalls durch Sekundärschädlinge.

Maßnahmen: Kontrolle durch winterliche Puppensuche. Förderung der Vogelvielfalt, die zur Populationsminderung beiträgt. Bei Massenvermehrungen Einsatz chemischer Mittel.

KIEFERNSAATEULE (*AGROTIS VESTIGIALIS*)

Familie: Eulen *(Noctuidae)*

Falter: Spannweite 35–40 mm; Vorderflügel grau und braun gemischt, von feinen schwarzen Adern (Wellenlinien) durchzogen und mit deutlichen dunklen Makeln (2 Flecken); Hinterflügel gelblich bis graubraun.
Raupe: 16beinig; nackt; erdfarbenbraun bis grau (Erdraupe); feine doppelte schwarze Rückenlinie und weißliche Seitenlinien; 4 dunkle Punkte an jedem Ring.
Puppe: Rötlichbraun; am Hinterende 2 kurze Dornen.

Vorkommen: An allen Nadel- und Laubhölzern, v.a. an Weißkiefer
Flugzeit: Juli–September
Generation: 1jährig

Kiefernsaateule

Ökologie: Die Eier werden auf dem Boden abgelegt. Die Jungraupen erscheinen im September. Sie fressen tagsüber die Wurzeln und nachts die oberirdischen Teile der Pflanzen. Keimlinge und Pflanzen werden häufig in Wurzelnähe abgebissen und der Wurzelteil gefressen. Die Pflanzen beginnen zu welken. Die Überwinterung der Raupe erfolgt im Boden. Verpuppung im Frühjahr.

Forstliche Bedeutung: Vor allem in Forstgärten, die auf ehemals landwirtschaftlichen Flächen angelegt wurden, da es dort oft zu Massenvermehrungen kommt.

Maßnahmen: Gute Bodenbearbeitung im Herbst. Nächtliches Sammeln der Raupen. Einsatz biologischer Mittel.

KIEFERNKNOSPENTRIEBWICKLER (*RHYACIONIA BUOLIANA*)

Familie: Wickler *(Tortricidae)*

Falter: Spannweite 18–23 mm; Vorderflügel ziegelrot mit silbernen Querbändern; Hinterflügel braungrau mit gelblichen Fransen.
Afterraupe: 16beinig; 22 mm lang; kahl; rötlichbraun; Kopf und Nackenschild schwarz.
Puppe: Gelbbraun; am Hinterleib Stacheln.

Vorkommen: An Weiß- und Schwarzkiefer, hauptsächlich in Dickungen und Stangenholz
Flugzeit: Juni–Juli
Generation: 1jährig

Kiefernknospentriebwickler ausgebreitet und sitzend

Larve in der Triebspitze

Ökologie: Die Eiablage erfolgt einzeln (seltener zwei Eier) an Knospenschuppen, Nadeln oder Trieben. Die Jungraupe spinnt zuerst ein röhrenförmiges Gespinst zwischen dem Trieb und einer Nadel. Danach bohrt sie sich anfangs in die Nadeln, später in die Trieb- und Knospenbasen ein und frißt diese aus. Dabei bildet sie weitere Gespinste um die Nadelbasen und um die Triebe, welche mit Harz ausgekleidet sind. Die Überwinterung erfolgt im Trieb unter dem Gespinstzelt. Nach Beendigung des Fraßes im Frühjahr verpuppt sie sich in einer im Trieb gefertigten Puppenwiege. Die Puppe schiebt sich vor dem Schlüpfen des Falters ein Stück aus der Puppenwiege.

Forstliche Bedeutung: Die Zerstörung der Terminalknospe führt zu Posthornbildung, Mehrwipfeligkeit, Verbuschung der Krone, verstärkter Astigkeit und Stammkrümmungen. Gefährdet sind vor allem Kiefern jüngerer Altersklassen.

Maßnahmen: Vermeidung von großflächigen Kiefernmonokulturen und Einbringung von Laubhölzern. Dies ist speziell auf schlechten Standorten zur Bodenverbesserung angebracht (schlechte Standorte fördern Massenvermehrungen). Befallene Triebe nach der Eiablage oder während des Larvenbefalls abbrechen und verbrennen. Bei großflächigem Befall Einsatz biologischer Mittel. Pheromonfallen zur Diagnose. Eine chemische Bekämpfung ist schwierig, da die Raupe verborgen lebt. Eventuell Einsatz chemischer Mittel, sofern Pheromonfallen auf Befall hinweisen.

Stahlblaue Kieferngespinstblattwespe (*Acantholyda erythrocephala*)

Familie: Gespinst- (Kotsack-)Blattwespen *(Pamphiliidae)*

Wespe: 10–15 mm lang; metallisch-blau, Kopf des ♂ ebenfalls blau, beim ♀ rot; Flügel rauchgrau.
Eier: Länglich bis walzenförmig; anfangs gelb, später rotbraun.
Afterraupe: Achtbeinig; 25 mm lang; hellgrün, mit braunen Längsstreifen an Rücken, Bauch und Seiten.

Vorkommen: Vor allem an Weiß-, seltener Schwarz- und Weymouthskiefer
Flugzeit: April–Mai
Generation: 1- bis 3jähriger Generationszyklus

Ökologie: Das ♀ legt seine Eier meist reihenweise auf die Oberseite der Nadeln vorjähriger Triebe von 10- bis 40jährigen, vorzugsweise schlechtwüchsigen Kiefern ab. Die Junglarven beginnen mit dem Fraß der Altnadeln, Mainadeln werden nur bei Nahrungsmangel gefressen. Sie fertigen Gespinste an, in denen auch der Kot deutlich zu sehen ist. Die erwachsenen Larven baumen ab, graben sich in den Boden ein und bauen eine Höhle. Dort überwintern sie als Eonymphe. Die Verpuppung erfolgt im Frühjahr nach vorheriger Entwicklung zur Pronymphe.

Forstliche Bedeutung: Vor allem in jüngeren Beständen kann es aufgrund mehrjährigen Befalls zum fast vollständigen Verlust der Altnadeln kommen. Meist verursacht der Schaden jedoch nur Zuwachsverluste.

Maßnahmen: Biologische Mittel; Kontrolle durch Eigelege- und Kokonzählungen.

Stahlblaue Kieferngespinstblattwespe

Schadbild (Gespinst)

GROSSE KIEFERNGESPINSTBLATTWESPE (ACANTHOLYDA POSTICALIS)

Familie: Gespinstblattwespen *(Pamphiliidae)*

Wespe: 10–16 mm; Kopf und Brust schwarz mit gelben Zeichnungen; Hinterleib braunschwarz, mit rötlichen Seitenrändern; Beine rötlich.
Eier: Kahnförmig, erst gelblichweiß, später bräunlichgelb.
Afterraupe: Achtbeinig, 25 mm lang; blaßgrün bis gelb, mit einem braunen Längsstreifen.

Vorkommen: An Weißkiefer; normalerweise im Altholz (50- bis 100jährig)
Flugzeit: Mai/Juni (frühfliegende Form bereits im April)
Generation: 2- bis 3jähriger Generationszyklus; Überlieger

Große Kieferngespinstblattwespe

Ökologie: Die Eiablage erfolgt auf der Nadel einzeln in einem selbst geritzten Spalt. Das Ei wird in diesen eingeklemmt. Die Afterraupen leben meist einzeln an den Trieben in einem lockeren, sackförmigen, weißen, von Nadelresten durchsetzten, aber fast kotfreien Gespinst.
Die abbaumenden, erwachsenen Larven (August) graben sich je nach Bodenart 5–25 cm tief in den Boden ein und fertigen eine Höhle an, wo sie als Eonymphe überwintern.
Nach einem Überliegen erfolgt die Entwicklung zur Pronymphe (mit Puppenauge) und anschließend im Frühjahr zur eigentlichen Puppe.

Forstliche Bedeutung: Bei Massenauftreten und damit verbundenem Kahlfraß können die Kiefern flächenweise absterben. Durch lang-anhaltende Gradation können Bestände zunehmend geschwächt werden, wobei die Schadensdisposition gegenüber Sekundärschädlingen steigt.

Maßnahmen: Vogelschutz. Kontrolle mittels Kokonzählungen.

KIEFERNKULTURGESPINSTBLATTWESPE, KIEFERNKOTSACKBLATTWESPE (ACANTHOLYDA HIEROGLYPHICA)

Familie: Gespinstblattwespen *(Pamphiliidae)*

Wespe: 12–17 mm lang; Flügel gelblich glänzend; Kopf und Brust sind schwarz mit wenig hervortretenden gelben Zeichnungen; Hinterleib gelbrot; 1. und letztes Segment schwarz; 2. Segment mit schwarzem Dreieck.

Afterraupe: Achtbeinig; 25 mm lang; Kopf dunkelbraun punktiert.

Vorkommen: An Kiefern, besonders in 2- bis 5jährigen Kulturen
Flugzeit: Mai/Juni
Generation: 1jährig, selten 2- bis 3jährig

Kiefernkulturgespinstblattwespe

Ökologie: Die Eiablage erfolgt an den Spitzenregionen der Maitriebe. Am obersten Knospenquirl des Triebes spinnt die Junglarve ein röhrenförmiges Gespinst, welches dicht mit Kot gefüllt ist. Pro Gespinst eine Larve. Auf der Suche nach neuer Nahrung wandert die Larve allmählich nach unten, wobei sie die Röhre vergrößert. Die erwachsenen Larven baumen ab und fertigen nach dem Eingraben in den Boden eine Höhle an. Danach folgt eine Diapause mit anschließender Verpuppung im Frühjahr.

Forstliche Bedeutung: Meist nur in Pflanzungen zu beobachten. Es folgt Entnadelung der Spitzen, seltener auch der Seitentriebe junger Kulturen.

Rotgelbe Kiefernbuschhornblattwespe (*Neodiprion sertifer*)

Familie: Buschhornblattwespen *(Diprionidae)*

Wespe: 7–10 mm lang, ♂ oben schwarz, unten rot; Fühler kammartig (Buschhörner), ♀ ganz rotgelb, mit einziehbarer Legeröhre und geringen dunklen Zeichnungen.
Afterraupe: 22beinig; 25 mm lang; dunkelgrün, mit drei weißlichen, schwarz besäumten Längsstreifen: einer am Rücken, einer jeweils seitlich; fein bedornter Rücken; schwarzer Kopf.
Puppe: Hellbrauner, weicher Kokon.

Vorkommen: An Kiefern; vor allem in jüngeren Kulturen (5–20 Jahre)
Flugzeit: September–Oktober
Generation: 1jährig, im Gebirge häufig 2- oder mehrjährig

Ökologie: Die Eiablage erfolgt in Eitaschen an den Nadeln, wobei je nach Nadellänge 5–8 Eier in einer regelmäßig unterbrochenen Eizeile abgelegt werden. Die Art fällt aufgrund ihrer Überwinterung als Ei auf. Im Frühjahr schlüpfen die Junglarven, die erst die Nadeln, auf der die Eigelege waren, fressen. Sie werden bis zur Mittelrippe verzehrt, wobei

Rotgelbe Kiefernbuschhornblattwespe ♂

Raupen beim Nadelfraß

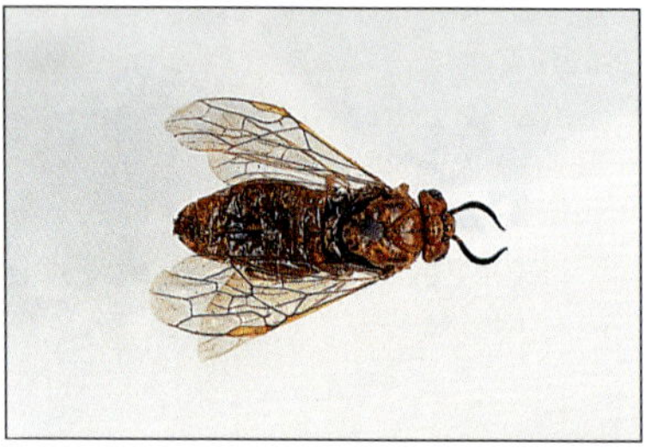

Rotgelbe Kiefernbuschhornblattwespe ♀

die Eitaschen ausgelassen werden. Die Larven wandern dann in Richtung Stamm zu den weiteren Nadeln, die Maitriebe werden aber verschont (arttypisches Fraßbild). Die erwachsenen Larven baumen im Juli ab und graben sich im Boden ein, wo sie sich einen Kokon spinnen. Die Wespe schneidet sich zum Schlüpfen einen Deckel ab.

Forstliche Bedeutung: Die Art neigt zu Massenvermehrungen, die wiederum zu Zuwachsverlusten führen. Die Schadensdisposition gegenüber Sekundärschädlingen wird erhöht.

Maßnahmen: Meist kommt es aufgrund einer Viruserkrankung zum selbständigen Zusammenfall der Population. Ansonsten Bekämpfung mit biologischen Mitteln (Viren). Diagnose mit Pheromonfallen. Kontrolle mittels Kokongrabungen und Eigelegezählungen.

GEMEINE KIEFERNBUSCHHORNBLATTWESPE (*DIPRION PINI*)

Familie: Buschhornblattwespen *(Diprionidae)*

Wespe: 7–10 mm lang; deutlicher Sexualdimorphismus: ♂ schwärzlich mit kammähnlichen Antennen, die doppelt gefiedert sind (Buschhörner); ♀ nur wenig länger, jedoch deutlich dicker; fahlgelb mit dunklen Flecken auf Brust und mittleren Hinterleibssegmenten; Antenneninnenseite gesägt; Legeröhre im Hinterleib versteckt.
Eier: Hellgelb; länglich und leicht abgeplattet.
Afterraupe: 22beinig; 25 mm lang; hellgelb bis grünlich; Kopf braun.

Vorkommen: An Kiefer; besonders in 40- bis 100jährigen Beständen
Flugzeit: Sehr unterschiedlich; Juni–August

Generation: 1–2 Generationen pro Jahr; 2jähriger Generationszyklus; Überlieger

Ökologie: Die Eiablage erfolgt dicht gereiht in Längsschlitze an den Nadeln. Pro Zeile, je nach Nadellänge, 10–20 Eier. Sie werden mit einer kittartigen Masse überzogen, so daß sie nicht sichtbar sind.
Die Junglarven fressen gesellig an den Nadeln der Maitriebe, später auch an den älteren Trieben. Sie lassen dabei die Mittelrippe stehen (Pinselfraß). Spätere Stadien verzehren auch diese bis auf Stummelreste.
Ausgewachsene Larven spinnen sich in einen Kokon ein, wo die Entwicklung zur Eonymphe stattfindet. Die Larven der 1. Generation tun dies zwischen den Nadeln am Trieb und schlüpfen noch im selben Jahr, die der 2. Generation entwickeln sich im Boden. Bei ihnen kommt es zu einer längeren Diapause und zur Überwinterung oder zum Überliegen. Sie schlüpfen im Frühjahr.

Gemeine Kiefernbuschhornblattwespe

Kokon

Forstliche Bedeutung: Neigt zu Massenvermehrungen, häufig in gleichzeitiger Erscheinung mit der Roten Kiefernbuschhornblattwespe *(Neodiprion sertifer)*. Kahlfraß bzw. Lichtungsfraß führen zu Zuwachsverlusten, seltener zum Absterben der befallenen Bäume.

Maßnahmen: Einsatz biologischer Mittel sowie Kokonparasiten. Zur Kontrolle Eigelege- bzw. Kokonzählungen. Evtl. auch Einsatz von Pheromonen.

Die Gem. Kiefernbuschhornblattwespe wird gerne mit der **Blassen (Bleichen) Kiefernbuschhornblattwespe** *(Gilpinia pallida)* verwechselt.
Sicherstes Unterscheidungsmerkmal ist das fehlende Schaumdach bei der Eiablage. Weiters verspinnen sich die Larven der 1. Generation

in Knäueln, nicht einzeln. Die forstliche Bedeutung dieser Art ist hinsichtlich der von ihr bewirkten Schäden erheblicher. Bei Massenvermehrungen führt der Kahl- oder Lichtungsfraß deutlich häufiger zum Absterben des Baumes, zumindest aber zu Zuwachsverlusten und sekundärer Schädigung. Die Bekämpfung erfolgt mit chemischen Mitteln.

Blasse Kiefernbuschhornblattwespe

Raupenfraß

Lärche

ACHTZÄHNIGER LÄRCHENBORKENKÄFER (IPS CEMBRAE)

Familie: Borkenkäfer *(Scolytidae)* – **Unterfamilie:** Echte Borkenkäfer *(Ipinae)*

Käfer: 4–5,5 mm; hell-schwarzbraun, gelblich behaart, besonders auf der Stirn und dem Halsschild; hinterer Teil fein punktiert, Deckflügel zart leicht behaart; je 4 Zähne; Körper nicht schmäler werdend.

Vorkommen: An Lärche und Zirbe; seltener an Kiefer
Flugzeit: Mai/August
Generation: 1–2 Generationen pro Jahr

Ökologie: Polygamer Rindenbrüter. Das Brutbild ist sternförmig mit 2–4 Muttergängen (5–17 cm lang, 2,5 mm breit) mit wenigen Ventilationslöchern. Die Gänge verlaufen zuerst quer, später längs der Faserrichtung. Einischen regelmäßig. Die Larvengänge (nicht so zahlreich wie beim Buchdrucker) stehen dicht und verlaufen in der Rinde. Der Reifungsfraß der Jungkäfer findet im Anschluß an die ovalen Puppenwiegen bzw. an Trieben statt, die im Herbst als Absprünge abfallen. Der Regenerationsfraß der Altkäfer schließt an die Muttergänge an.
Die Überwinterung erfolgt in allen Entwicklungsstadien im Brutbild. Erkennung durch Bohrmehlhäufchen und harzige, geknickte, dürre Triebe.

Forstliche Bedeutung: Normalerweise nur in physiologisch geschwächten Bäumen aller Altersklassen. Der Befall kann bei Mangel an Brutmaterial auf gesunde Bäume übergehen. Durch den zunehmenden Regenerationsfraß der Altkäfer an den Trieben und den Reifungsfraß der Jungkäfer werden gesunde Bäume so weit geschwächt, daß sie für die Brut tauglich werden.

Schadbilder an der Rinde

Maßnahmen: Waldhygiene. Kalamitätsholz sowie kränkelndes oder lediglich gelagertes Stammholz noch vor April aus dem Wald beseitigen oder entrinden. Standortangepaßter Waldbau. Förderung von natürlichen Mischwäldern. Fangbäume zum Abschöpfen der nachfolgenden Generation. Pheromonfallen. Eventuell chemische Prophylaxe oder Bekämpfungsmaßnahmen.

LÄRCHENBOCK (*TETROPIUM GABRIELI*)

Familie: Bockkäfer *(Cerambycidae)* – Unterfamilie: *Cerambycinae*

Lärchenbock

Käfer: 8–17 mm; braun bis schwarz, Flügeldecken rötlichgelbbraun; Färbung sehr veränderlich; Kopf zwischen den Fühlern keine Furche.
Larve: Braun, am Hinterende oben mit 2 kleinen Spitzen.

Vorkommen: Vorwiegend in Lärchenaltholzbeständen, selten in Stangenhölzern

Forstliche Bedeutung: Befallen werden ausschließlich kränkelnde oder gefällte Lärchen. Lebensweise und Bedeutung ähnlich dem „Fichtenbock“ *(Tetropium castaneum)*. Die Verpuppung findet jedoch häufiger in der Rinde statt.

GRAUER LÄRCHENWICKLER (*ZEIRAPHERA GRISEANA*)

Familie: Wickler *(Tortricidae)*

Falter: Spannweite 18–20 mm; Vorderflügel hellgrau, marmoriert und dunkleres Querband; Hinterflügel grau, spitz gerundete Enden; Außenränder bei beiden grau gefranst; häufig andere Variationen.
Raupe: 10–19 mm lang; anfänglich gelblichgrau mit schwarzem Kopf; später Lärchenform schwärzlich mit schwarzem Kopf, Zirben-Fichtenform deutlich heller.
Puppe: 8 mm lang, braun bis rotbraun; feine Stacheln auf den Rückenhälften, die schräg nach hinten gerichtet sind.

2 Biotypen:
Lärchentyp:
Vorkommen: Auf Lärche
Flugzeit: Je nach Höhenlage von Juni–September
Generation: 1jährig

Ökologie: Die Eiablage erfolgt in Rindenspalten in Gruppen von 2–13 Stück an die Zweige. Überwintert wird als Ei. Im Frühjahr schlüpfen

Grauer Lärchenwickler

die Raupen mit dem Austreiben der Lärchen. Sie dringen in Kurztriebknospen ein und fressen die Nadeln, wobei ein typischer Köcher entsteht. Gegen Ende der Entwicklung bilden sie andernorts ein Gespinst, in welchem sie verschwenderisch fressen. Die angefressenen Teile verbleiben im Gespinst und verdorren. Dadurch kommt es an den befallenen Zweigen zu einem bräunlichen Aussehen. Die erwachsenen Larven baumen ab und fertigen in der Nadelstreu einen lockeren Kokon an, in welchem sie sich verpuppen.

Forstliche Bedeutung: In Lagen über 1.200 m kommt es im alpinen Raum häufig zu Gradationen. Es folgt meist ein zweiter Austrieb im Herbst, und im darauffolgendem Frühjahr sind die Nadeln kürzer. Außerdem führt der Befall zu häufigen Fehlmasten und zu deutlichen Zuwachsverlusten sowie zu Sekundärschädlingsbefall.

Maßnahmen: Einsatz biologischer Mittel.

Zirben-Fichtentyp:
Vorkommen: An Zirbe, Latsche, Weißkiefer, Fichte
Flugzeit: Je nach Baumart und Höhenlage Mai–Oktober
Generation: 1jährig

Ökologie: Die Eiablage findet einzeln oder in Gruppen an Knospenschuppen oder in Rindenspalten statt. Die Larven bohren sich in die Knospen ein und fressen die wachsenden Nadeln. Später übersiedeln sie auf andere Knospen. Die Altnadeln bleiben jedoch verschont, wodurch die Bäume, im Gegensatz zur Lärche, weiterhin grün erscheinen. Aufgrund der Tatsache, daß sie die Altnadeln verschonen, ähnelt der Schaden von weitem jenem, der von der Kleinen Fichtenblattwespe *(Pristiphora abietina)* verursacht wird. Auf der Fichte wird jedoch ebenfalls ein Gespinst um die Knospe gebildet, welches zur Differentialdiagnose herangezogen wird. Die Verpuppung findet teils in der Bodenstreu, teils auf befallenen Knospen (Kiefernarten) statt.

Forstliche Bedeutung: Da nur die Maitriebe befallen werden, kommt es an den Zirben nur zu geringen Zuwachsverlusten. An der Fichte besteht die Gefahr, daß sich die Kronen bei anhaltendem Befall und durch Abwurf der älteren Nadeln lichten und das Höhenwachstum aussetzt. Überdies ist die Naturverjüngung gefährdet, da die Raupen diese bei Nahrungsmangel befallen.

Maßnahmen: Bei Fichte meist Einsatz biologischer Mittel.

LÄRCHENMINIERMOTTE (*COLEOPHORA LARICELLA*)

Familie: Sackträgermotten *(Coleophoridae)*

Falter: Spannweite 9 mm; Vorderflügel und Hinterflügel bräunlichgrau, schmal, zugespitzt und lang gefranst; Fühler beinahe flügellang.
Eier: Sehr klein (0,3 mm Ø); gelblich, später grau.
Raupe: 16beinig; 4 mm lang; rotbraun und schmal; Kopf und Nackenschild dunkler.
Puppe: Im Sack liegend; braunschwarz.

Vorkommen: An Lärchen aller Altersklassen bis zur Baumgrenze
Flugzeit: Mai–Juni
Generation: 1jährig

Ökologie: Die Eiablage erfolgt meist einzeln an der Nadelunterseite, bei starkem Auftreten bis maximal acht Stück. Die Larve miniert vorerst direkt unter dem Ei in der Nadel, später an anderen Nadeln (Nadelmine), wo sie am Nadelansatz ein Säckchen bildet, in welches sie sich einspinnt und aus welchem sie sich mit einem Teil des Körpers ins Freie reckt, um zu fressen (Säckchenstadium). Vor der Überwinterung als Larve verschließt sie das Säckchen beiderseits. Beim Austreiben der Lärchen im Frühjahr führt sie ihren Fraß an Nadeln und Blüten fort. Die angefressenen Nadeln vergilben, und die Spitzen krümmen sich.
Ist das alte Säckchen zu klein, höhlt sie eine zweite Nadel aus, schneidet beide der Länge nach auf und verspinnt sie miteinander. Die Verpuppung findet Ende April, Anfang Mai im Säckchen statt. Ehe der Falter schlüpft, schiebt sich die Puppe etwas aus dem Sack hervor.

Forstliche Bedeutung: Häufiger Schädling an der Lärche, dessen Auftreten zu Zuwachsverlusten, Verlust der Kurztriebnadeln und Anfälligkeit für Krankheiten, jedoch selten zum Absterben des Baumes führt. Es kommt häufig zu periodischem Massenauftreten.

Lärchenminiermotte

Minierte Nadeln

Maßnahmen: Waldbauliche Maßnahmen sind eher erfolglos, da auch Lärchen in Mischbeständen angeflogen werden. Kräftige und gesunde Bäume leiden jedoch weniger unter dem Befall. Verschiedene Singvögel, wie Kleiber und Meisen, sowie Schlupfwespen ernähren sich von den überwinternden Larven. Einsatz von Pheromonfallen und – seltener – biologischen Mitteln.

LÄRCHENBLASENFUSS (*TAENIOTHRIPS LARICIVORUS*)

Familie: *Thripidae*

♀: 1,2 mm lang; dunkelbraun bis schwarz; hat kurze Antennen; Abdomen endet mit 2 Spitzen, schmale Flügel mit fransenartiger Randbehaarung.
♂: Orangegelb; schmäler und kürzer (1 mm lang) als ♀; Abdomen endet nur mit einer Spitze.

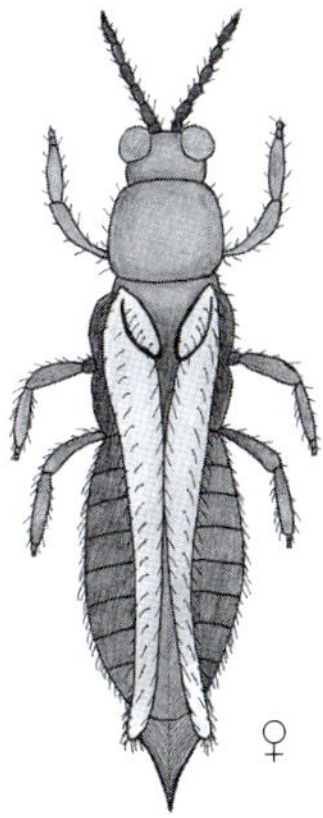
♀

Vorkommen: An Lärche
Flugzeit: Ab Mai
Generation: 2 Generationen (mit Überwinterung)

Ökologie: Die Ablage der glänzend weißen, bohnenförmigen Eier erfolgt ab Mai durch das ♀, vorzugsweise in den jüngsten Langtrieben und Langtriebnadeln junger Lärchen. In den Legepausen saugt es an den Trieben und Langtriebnadeln. Nach etwa 2 Wochen schlüpfen die Larven der 1. Generation. Ab Juli legen bereits die Imagines der 1. Generation ihre Eier. Diese benötigen vier Wochen zur Entwicklung. Die Überwinterung, ausschließlich der ♀, erfolgt meist unter den Knospenschuppen anderer Bäume, vorzugsweise der Fichte.

Forstliche Bedeutung: Verursacht „Lärchenwipfelkrankheit". Durch den Befall kommt es zu Nadelverfärbungen, Harzaustritt und damit verbundenen Formveränderungen; durch den Sekundärbefall mit Pilzen erfolgt ein frühzeitiger Abfall der Nadeln. Die Saugtätigkeit an jungen Triebachsen kann zur Triebkrümmung bzw. zum Absterben des Triebes führen, wodurch die Bildung von Ersatztrieben gefördert wird („Hexenbesen"). Folgeerscheinungen sind verminderter Höhenwuchs und Krummwuchs. Besonders betroffen sind Dickungen und wüchsige Stangenhölzer. Unterständige und langsam wachsende Lärchen werden nur schwach befallen, junge Pflanzungen praktisch gemieden; die Japanlärche *(Larix kaempferi)* soll weitgehend resistent sein.

Maßnahmen: Verwendung der resistenten Japanlärche. Biologische Bekämpfung der Eilarven (Ende Juni).

Lärchennadelknicklaus (*Adelges geniculatus*)

Familie: Fichtengallenläuse *(Adelgidae)*

Vorkommen: Hauptwirt ist die Lärche

Typische geknickte Nadeln

Ökologie: Es handelt sich um die gefährlichste Lärchennadellaus. Der Hauptwirt ist im Gegensatz zur Großen und Kleinen Fichtengallenlaus *(Sacchiphantes viridis, Adelges laricis)* nicht die Fichte, sondern die Lärche.
Durch ihr Saugen entstehen braune Nadelspitzen. In der Folge knicken die Nadeln. Die Läuse befinden sich in weißer Wachswolle an den Nadeln und Trieben.

Forstliche Bedeutung: Führt bei Massenauftreten zu massiven Schäden an Lärchennadeln. Nach intensivem bzw. mehrjährigem Befall können starke Zuwachsverluste und Gesundheitsbeeinträchtigungen auftreten. Folge sind häufig Pilzinfektionen und gesteigerte Frostgefahr. Kann relativ leicht mit der Lärchenschütte verwechselt werden.

Maßnahmen: Insektizidbehandlung im Frühjahr und Herbst. Auch mehrmalige Kaliseifenspritzung während der Vegetationszeit ratsam.

Buche

UNGLEICHER HOLZBOHRER (XYLEBORUS DISPAR)

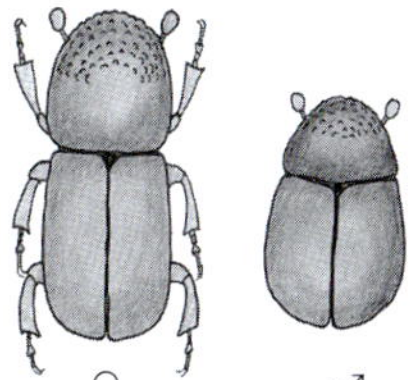

Familie: Borkenkäfer *(Scolytidae)* – **Unterfamilie:** Echte Borkenkäfer *(Ipinae)*

Käfer: ♂ 1,2–3 mm; schwarzbraun; flaches, fein punktiertes Schild; Flügeldecken in Längsrichtung stark gewölbt; kugelig; Pronotum und Flügeldecken sind behaart; flugunfähig. ♀ 3–3,5 mm lang, walzenförmig, flugfähig.

Vorkommen: Polyphag an Laubholz; bevorzugt Eiche und Buche; auch auf Eschen und Obstbäumen

Flugzeit: April–Mai

Generation: 1 Generation pro Jahr

Bohrlöcher der Käfer

Ökologie: Das ♀, das alleine das Brutsystem anlegt, bohrt nach einer Eingangsröhre (radial, bis zu 6 cm tief) eine den Jahrringen folgende primäre Brutröhre sowie in Holzfaserrichtung liegende sekundäre Brutröhren. Die flugunfähigen ♂ kopulieren mit den ♀ im Brutsystem und sterben dann. Die Eiablage erfolgt in kleinen Häufchen. Sowohl die Larven als auch die Käfer ernähren sich von Ambrosiapilzen, die an den Wänden der Bohrgänge wachsen. Die Larven leben frei in den Muttergängen; bis Juli haben sie ihre Entwicklung beendet und verpuppen sich dann. Die Überwinterung der Jungkäfer erfolgt im Brutsystem. Frische Einbohrlöcher im Sommer sind Anzeiger für Geschwisterbruten.

Forstliche Bedeutung: Befallen werden gefällte Stämme, frische Stöcke und lebende, physiologisch geschwächte Bäume jeden Alters, besonders auch Heister. Bei Massenvermehrung ist ein Übergehen auf völlig gesunde Bäume möglich.

Maßnahmen: Verbrennen des befallenen Materials. Bekämpfung der Larven mit chemischen Mitteln im verzweigten Brutsystem unmöglich. Daher evtl. chemische Bekämpfung zur Zeit des Einbohrens.

Buchennutzholzborkenkäfer, Laubnutzholzborkenkäfer (*Trypodendron domesticum*)

Familie: Borkenkäfer *(Scolytidae)* – **Unterfamilie:** Echte Borkenkäfer *(Ipinae)*

Käfer: 3,0–3,5 mm; Halsschild meist ganz schwarz, manchmal auch teilweise rotgelb; Flügeldecken gelb mit schwärzlichen Streifen an der Naht und den Seiten; Fühlerkeule breit eiförmig, am Innenrand spitz zulaufend; Absturz dicht mit goldglänzenden Haaren besetzt.

Vorkommen: Polyphag an Laubbäumen, u.a. an Buche, Eiche, Ahorn, Erle, Hainbuche, Birke
Flugzeit: Ab März bis April (Frühschwärmer)
Generation: 1 Generation pro Jahr

Leitersprossengang

Ökologie: Das Brutbild ist als typischer Leitergang erkennbar. Nach der radialen Eingangsröhre zweigen 2–5 Brutröhren, etwa dem Jahrringverlauf folgend, ab (bis 5 cm). Alternierend führen von hier aus die kurzen Larvengänge senkrecht ab. Übertragung der zur Ernährung dienenden Ambrosiapilze mittels prothorakler Öldrüsen der weiblichen Käfer. Überwintert wird als Käfer im Brutbild.

Forstliche Bedeutung: Bevorzugt werden stehende, kränkelnde Bäume befallen. Der Käfer brütet daneben auch in Stöcken und Ästen. Am Stammholz von Birke und Buche entsteht bei dichtem Befall ein starker technischer Schaden, da die Brutröhren relativ tief in den Splint reichen. Bei Eichenstammholz zeigen sich meist geringere Schäden, da die Brutsysteme meist im äußeren Bereich des Splintholzes liegen.

Maßnahmen: Waldhygiene. Rasche Abfuhr von bruttauglichem Holz oder chemische Vorbeugung. Wasserlagerung oder Beregnung.

Buchenspringrüssler (*Rhynchaenus fagi*)

Familie: Rüsselkäfer *(Curculionidae)* – **Unterfamilie:** Langrüßler *(Phanerognathi)*

Käfer: 2–2,5 mm; braunschwarz, fein grau behaart; Fühler und Beine rot; Hinterschenkel stark verdickt; Sprungbeine; Fühler in der Rüsselmitte eingelenkt.
Larve: Weiß, bauchwärts gekrümmt; augen- und beinlos.

Buchenspringrüßler

Vorkommen: An Buche, neigt in Buchengebieten zu Massenvermehrung
Flugzeit: April–September
Generation: 1jährig

Ökologie: Die Jungkäfer erscheinen mit dem Ausbrechen des Buchenlaubes im Frühjahr und führen einen Ernährungsfraß an Buchenblättern (Löcherfraß) und an Blattstielen (Blattabfall), aber auch an unreifen Früchten von Obstbäumen durch. Die Eier werden von unten her einzeln an der Mittelrippe abgelegt. Die Eilarve frißt im Mai–Juni zunächst einen wenige Millimeter langen Kanal in die Rippe. Dann frißt sie eine Gangmine zwischen zwei Seitenrippen. Nach Erreichen des Blattrandes verwandelt sich die Gangmine in eine Platzmine. Es entsteht eine Braunfärbung der Epidermis. Larvenzeit 10–14 Tage. Die Verpuppung findet Ende Mai/Anfang Juni in einem linsenförmigen Gespinstkokon in der Platzmine statt. Anfang bis Mitte Juni tauchen massenhaft Jungkäfer auf, wobei es zu einem schrotschußartigen Lochfraß der jungen Käfer und zu einer Braunfärbung der Blätter durch den Larvenfraß, welcher an Spätfrostschäden erinnert, kommt. Auch die Blattrippen und Stiele werden nicht verschont. Die Überwinterung erfolgt unter der Rinde oder im Boden.

Forstliche Bedeutung: Der Larven- und der Käferfraß vernichten wichtige Assimilationsmasse. Dies kann bei jungen Pflanzen zu erheblichen Schäden führen, hat auch Auswirkungen auf die Buchenmast, da nach dem Anstechen der Fruchtknoten die Buchecker unreif abfallen. Stark minierte Blätter fallen früher ab. Auch Zuwachsverluste sind zu verzeichnen.

Gang- und Platzmine

Jungkäfer

Maßnahmen: Wegen der hohen Widerstandskraft der Käfer sehr schwierig und wirtschaftlich nur in Buchenverjüngungen und Obstkulturen sinnvoll.

Buchenprachtkäfer, Laubholzprachtkäfer (Agrilus viridis)

Familie: Prachtkäfer *(Buprestidae)* – *Agrilus*-Typ

Käfer: 5–11 mm; langgestreckt, schmal; variiert stark in der Färbung, meist metallisch grün bis olivgrün, aber auch blau oder kupferfarbig; Unterseite schwarz.
Larve: Am Hinterleibsende 2 gezähnte Zangen.

Vorkommen: Vorzugsweise an Buche (Heistern); fallweise an Weide und Erle
Flugzeit: Juni–Juli
Generation: 2jährig; selten 1jährig

Ökologie: Die Eiablage erfolgt in Häufchen an sonnseitiger Rinde von Stamm und Ästen. Durch den weißen Schutzüberzug scheinen sie wie Kalkflecken. Die Larven bohren sich direkt unter dem Ei durch die Rinde bis auf den Splint und fressen je einen scharfgerandeten, zickzackförmigen, sich allmählich verbreiternden Gang (Zickzackwurm), über dem sich die Rinde wölbt und sogar ab und zu durchbrochen wird. Aus den Löchern tritt Saft aus. Typisches Befallsbild mit weißlichen Baumsaftflecken. Überwinterung als Larve. Die Verpuppung erfolgt im Frühjahr (Mai) im Gang. Die Puppenwiege liegt meist flach unter der Oberfläche. Die Fluglöcher sind halbrund.

Forstliche Bedeutung: Die Gefahr eines Befalls besteht vor allem in geschwächten Beständen bei anormalen klimatischen Bedingungen, an freigestellten, sonnenexponierten Bestandesrändern sowie nach Trockenzeiten. Es kommt zu einer Unterbrechung des Saftstromes. Die Folgen sind schüttere Belaubung sowie plötzliches Absterben einzelner Äste bis zur völligen Wipfeltrocknis.

Buchenprachtkäfer

Zickzackförmiges Fraßbild

Maßnahmen: Vermeidung plötzlicher Freistellung. Buchenheisterpflanzung im Herbst statt im Frühjahr. Mit Brut besetzte Heister spätestens Mai, Anfang Juni entfernen und verbrennen. Fangbäume verwenden.

BUCHENSPIESSBOCK (*CERAMBYX SCOPOLII*)

Familie: Bockkäfer *(Cerambycidae)* – Unterfamilie: *Cerambycinae*

Käfer: 18–28 mm; ganz schwarze, vorne grob gerunzelte Elytren; matt glänzend, Fühler sehr lang, starker Dorn an der Seite; Flügeldecken nach der Spitze verengt und rotbraun.
Larve: Groß, fett, gelblichweiß, mit großen elliptischen Hornplatten auf den Ringen.

Vorkommen: An verschiedenen Laubhölzern, besonders an Buche; bevorzugt sonnenexponierte, nicht zu dickrindige, kränkelnde oder absterbende Stamm- oder Baumteile
Flugzeit: Mai–August
Generation: 2jährig

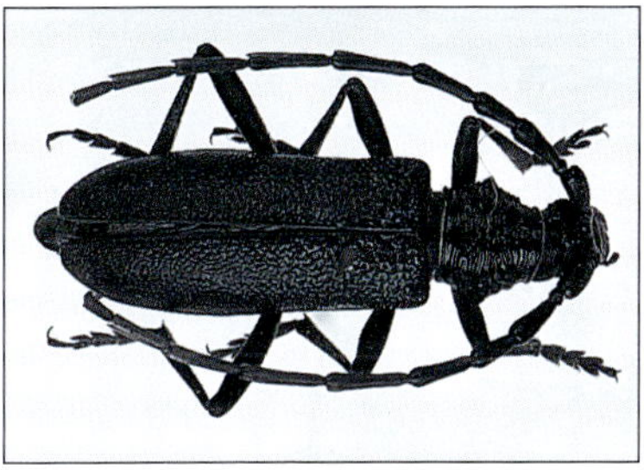

Buchenspießbock

Ökologie: Die Käfer sind eifrige Blütenbesucher. Die Eier werden einzeln in den Rindenritzen abgelegt. Die Larven fressen zuerst plätzend in der Bast-Splintzone, später dringen sie mit einem relativ langen Hakengang in den Holzkörper ein (7–15 cm). Die Verpuppung findet in einem Hakengang statt, der mit einem Kalkdeckel verschlossen ist. Die Überwinterung erfolgt als Larve bzw. als Käfer, in der abgetrennten Puppenwiege.

Forstliche Bedeutung: Gelegentlich physiologisch schädlich, vorwiegend entsteht aber ein technischer Schaden an nicht trockenem, berindetem Lagerholz.

Maßnahmen: Sorgfältige Bestandes- und Holzpflege. Rechtzeitige Entrindung oder Abfuhr von lagerndem Laubrundholz.

BOHRKÄFER, SÄGEHÖRNIGER WERFTKÄFER (*HYLECOETUS DERMESTOIDES*)

Familie: Werftkäfer *(Lymexylonidae* od. *Lymexylidae)*

Käfer: 6–18 mm; Fühler gesägt; ♂ sehr unterschiedlich, schwarz oder braungelb;

Bohrkäfer

Typisches Schadbild

Kiefertaster mit großem, quastenförmigem Anhang; ♀ größer und gelbbraun.
Larve: Weißlich; Kopf bernsteingelb; ausgewachsen mit langem Stachelschwanz.

Vorkommen: An Laub- und Nadelholz (besonders Buche, Eiche, Fichte)
Flugzeit: April–Juni
Generation: Je nach Witterung und Klima 1- bis 3jährig

Ökologie: Legt seine mit Pilzsporen beschmierten Eier meist in Rinden- und kleinen Holzrissen ab. Die nach 10 bis 14 Tagen ausschlüpfenden Larven fertigen 18–26 cm lange, unregelmäßige, unterverzweigte, tiefreichende Gänge an. Das Bohrmehl wird mit dem Schwanzfortsatz ausgestoßen (Bohrmehlhöfe). Vorkommen nur in feuchtem Holz. Die Larven leben von Ambrosia-Pilzrasen, welche auch die Schwarzfärbung verursachen. Überwintert wird als Larve im Gang. Die Verpuppung findet nahe der Eingangsöffnung statt. Der Käfer lebt nur wenige Tage.

Forstliche Bedeutung: Technische Schäden durch Zerstören von Buchenstarkholz und Eichenfurnierstämmen, physiologisch schädlich als Überträger zahlreicher Pilzarten. Trägt unter anderem zum „Buchensterben" bei.

Maßnahmen: Bedrohtes bzw. befallenes Holz rechtzeitig vor der Flugzeit im April abführen. Befällt nur frisches Holz, mit oder ohne Rinde (Holzfeuchtigkeit). Chemische Schutzmaßnahmen.

Buchenblattbaumlaus (*Phyllaphis fagi*)

Familie: Zierläuse *(Callaphididae)*

Laus: Sehr klein (ca. 2 mm), blaßgelb bis hellgrün in bläulichweißer Wachswolle.

Vorkommen: An Rotbuche
Flugzeit: Ende April–Mai
Generation: 1jähriger Holozyklus

Ökologie: Die Eier werden im Herbst (spätestens Ende Oktober) an den Knospenschuppen der Buche abgelegt. Die Überwinterung findet im Ei statt. Schlüpfen etwa Ende April/Anfang Mai. Die Laus saugt oft unter Bildung von Kolonien an der Unterseite junger Buchenblätter und an Buchenkeimlingen, auf welche sie durch abfallende Knospenschuppen gelangt.

Forstliche Bedeutung: Durch die Saugtätigkeit tritt eine Beschädigung des Blattgewebes und damit die Schwächung des Saftstromes auf. Es folgt schwache Braunfärbung (ähnlich Spätfrost) bzw. Verdorren von Triebspitzen oder teilweises Einrollen der Blätter (Schiffchenbildung). Bei älteren Bäumen treten Zuwachsverluste auf. Starke Erzeugung von Honigtau sowie Massenflüge sind auffallende Merkmale.

Maßnahmen: Bekämpfung nur mit dem Einsatz chemischer Mittel möglich, jedoch wenig zweckmäßig.

Buchenblattbaumläuse unter Wachswolle

BUCHENWOLLSCHILDLAUS (*CRYPTOCOCCUS FAGISUGA*)

Familie: *Eriococcidae*

Laus: ♀ ca. 1 mm; linsenförmig, hellgelb, ohne Schild, bein- und flügellos; mit mehliger, weißer Wachswolle; ♂ noch nicht gefunden.
Larve: Mit Beinen (Lauflarve).

Vorkommen: An Buchen-Arten; in allen Altersklassen
Flugzeit: Ab Mai
Generation: 1jährig

Ökologie: Bei geringem Befall erkennt man weiße Pünktchen an den Stämmen. Bei Massenvermehrungen bilden die filzigen Wachsausscheidungen auffallende Überzüge auf der Rinde. Sogar frei liegende

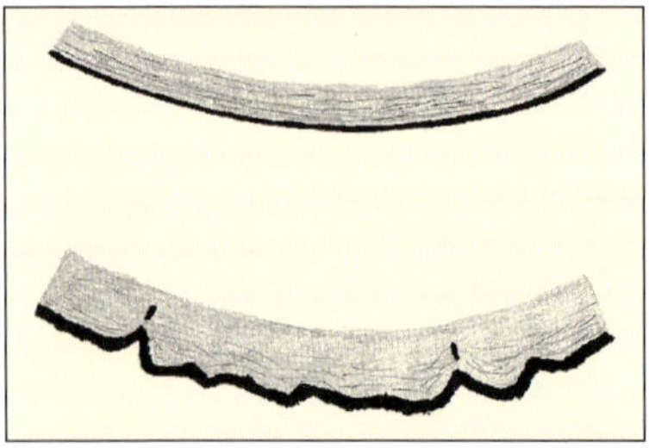

Veränderung der Rinde nach dem Befall

Wurzeln und Stämme werden angenommen. Ein geschlossener Stand der Nährpflanzen begünstigt die Entwicklung. Die Verbreitung erfolgt durch Wind, da keine geflügelten Stadien vorhanden sind. Die Fortpflanzung geschieht parthenogenetisch (eingeschlechtlich). Die Überwinterung findet als Ei oder als Junglarve statt.

Forstliche Bedeutung: Es treten Saugschäden am Stamm, an Zweigen und freien Wurzeln auf. Bei starkem Befall kann es zur physiologischen Schwächung des Baumes kommen, besonders wenn neben starker Verlausung Schleimflußerreger auftreten (Buchenschleimfluß).

Maßnahmen: Ausschließlich mit biologischer Bekämpfung (natürliche Feinde, z.B. Schwebfliegen, Florfliegenlarven, Maikäfer und Larve, Blattwespen u.a.).

Eiche

EICHENSPLINTKÄFER (SCOLYTUS INTRICATUS)

Familie: Borkenkäfer *(Scolytidae)* – **Unterfamilie:** Splintkäfer *(Scolytinae)*

Käfer: 2,5–3,5 mm; Halsschild schwarz glänzend, Flügeldecken rotbraun, Fühler und Beine gelbrot; Bauch schräg zum Ende aufsteigend; kleine Punkte in Reihen; ♂ 2 Haarpinsel über den Mandibeln.

Vorkommen: An allen Eichen-Arten; bevorzugt besonders schwächere Stämmchen und die Äste kränkelnder, älterer Bäume
Flugzeit: Mai, gegebenenfalls September
Generation: 1 Generation pro Jahr, fallweise doppelt

Fraßbild im Holz

Ökologie: Der Muttergang ist ein 1–3 cm langer Quergang mit langen, sehr dicht gestellten Larvengängen, die nach oben und unten ausgehen und tief in den Splint eingreifen. Der Reifungsfraß der Jungkäfer findet an der Basis der vorjährigen Triebe statt. Überwintert wird im Larvenstadium.

Forstliche Bedeutung: Meist sekundär in Ästen und Zweigen kränkelnder Eichen. Werden frisch gepflanzte Bäume befallen, können größere Verluste eintreten. Schadwirkung auch durch den ausgedehnten Reifungsfraß, wobei der Erreger der Eichenwelke übertragen werden kann.

Maßnahmen: Rechtzeitiger Aushieb der befallenen Bäume bis etwa März/April, vor Beginn der Käferschwärmzeit. Bestandeshygiene.

EICHENHOLZBOHRER, KLEINER SCHWARZER NUTZHOLZBORKENKÄFER (XYLEBORUS MONOGRAPHUS)

Familie: Borkenkäfer *(Scolytidae)* – **Unterfamilie:** Echte Borkenkäfer *(Ipinae)*

Käfer: ♀ 3–3,5 mm; gelbrot bis rostrot; Absturz stark abgeflacht, matt, ohne Streifen; ♂ 2–2,5 mm; Halsschild vorne mit tiefer, gekörnter Aushöhlung.

Vorkommen: An Eichen-Arten; daneben auch an Ahorn, Buche und Ulme

Fraßgänge quer zur Stammachse

Flugzeit: März/April und Juni/ Juli
Generation: 2 Generationen pro Jahr

Ökologie: Von einer bis zu 8 cm langen radialen Eingangsröhre werden allein vom Mutterkäfer einfach oder mehrfach verzweigte Brutröhren angelegt (typisch geweihartig), die meist in einer Ebene quer zur Stammachse liegen und fast immer den Jahrringen folgen. Die Eiablage erfolgt in kleinen Häufchen meist an den Enden der Quer- und Gabelgänge. Keine Leitersprossen! Die Larven befinden sich hintereinander in der Brutanlage. Sie ernähren sich von Ambrosiapilzen.

Forstliche Bedeutung: Befall bevorzugt an älteren, kränkelnden Bäumen sowie in stärkeren Ästen absterbender Kronen von überalterten Bäumen. Frische Stöcke und eingeschlagene Stämme mit genügend Holzfeuchte werden ebenfalls angenommen. Durch die bis in den Kern reichenden Brutröhren erhebliche technische Entwertung.

Maßnahmen: Entfernung des befallenen Materials. Möglicherweise chemische Behandlung.

EICHENSPRINGRÜSSLER (RHYNCHAENUS QUERCUS)

Familie: Rüsselkäfer *(Curculionidae)* – **Unterfamilie:** Langrüßler *(Phanerognathi)*

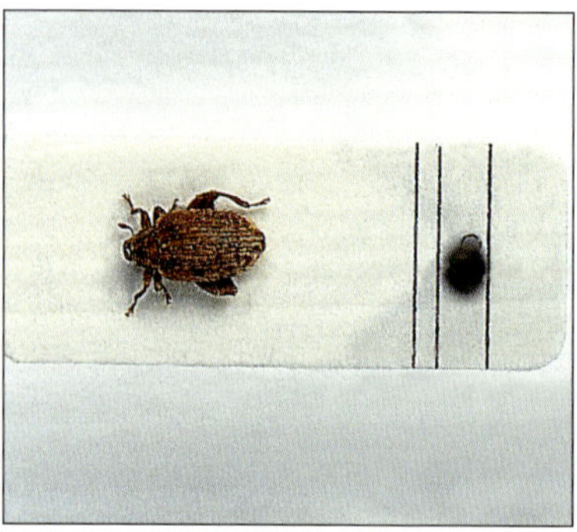

Eichenspringrüßler

Ökologie: Dem „Buchenspringrüßler" *(Rhynchaenus fagi)* äußerlich und in der Lebensweise ähnlich, jedoch rötlichgelbbraun. Das Eichenblatt wird vom Käfer ab April auf der Unterseite meist fleckenweise skelettiert (Schabfraß), es knickt an der Stelle der Eiablage gewöhnlich nach unten um und wird von der Larve in der Spitzenhälfte in Form einer Platzmine, die sich später hellbraun färbt, befressen.

GOLDGRUBEN-EICHENPRACHTKÄFER (CHRYSOBOTHRIS AFFINIS)

Familie: Prachtkäfer *(Buprestidae)*

Käfer: 12–15 mm, Flügeldecken dunkel-kupferbraun mit 3 Paar Goldgrübchen, Kopf grünlich-metallisch; auf der Unterseite kupferrot glänzend; seitlich oft grün gefärbt.

Vorkommen: An Eichen-Arten; gelegentlich an Buche
Flugzeit: Juni–Juli
Generation: 2jährig

Goldgruben-Eichenprachtkäfer

Ökologie: Die Eier werden zu 1–3 Stück tief unten am Wurzelanlauf, meist an stärkeren Eichenheistern, abgelegt. Die Larve frißt unregelmäßig geschlängelte, sehr flache Gänge im Bast. Die Puppenwiegen sind im Holz. Der Jungkäfer nagt sich durch ein querelliptisches, oft etwas schräggestelltes Flugloch nach außen.

Forstliche Bedeutung: Häufig und erheblich in Stangenhölzern auf ungünstigen Standorten. Durch Larvenfraß physiologische Schädigung gesunder Bäume bzw. Heister.

Maßnahmen: Verbrennen befallener Heister.

ZWEIPUNKTIGER EICHENPRACHTKÄFER (AGRILUS BIGUTTATUS)

Familie: Prachtkäfer *(Buprestidae)*

Käfer: 10–12 mm; Oberseite grünlich-erzfarben, auf den Flügeldecken im hinteren Drittel zwei kleine weiße Flecken; auch die Unterseite weist solche Haarflecken auf.
Larve: Weißlich, augen- und fußlos.

Zweipunktiger Eichenprachtkäfer

Vorkommen: An alten Eichen
Flugzeit: Juni
Generation: 1jährig

Ökologie: Die Eiablage erfolgt in kleinen Gruppen meist an südexponierten unteren Stammteilen. Der Larvenfraß erfolgt hauptsächlich quer zur Faserrichtung in der

Rinde, der Splint wird geschürft. Daher kommt es zu einem raschen Absterben des Baumes. Die Gänge sind bis 3,5 mm breit, mit weißem Bohrmehl gefüllt. Überwintert wird als Larve. Die Verpuppung erfolgt im Frühjahr in einem Hakengang in der Rinde. Die Ausfluglöcher besitzen zwei verschiedene Kreisbögen (oben flach, unten stärker gewölbt).

Forstliche Bedeutung: Befällt nur Stämme, vor allem im unteren Bereich. Nach Eichenwickler- bzw. Schwammspinnerfraß sowie physiologischer Wurzelschädigung kann ein bedeutender Befall eintreten.

Maßnahmen: Vorbeugende Maßnahmen. Möglichst Aushieb und Verbrennen des befallenen Materials sowie rasche Abfuhr von lagerndem Stammholz.

Zweibindiger Eichenprachtkäfer (*Coroebus bifasciatus*)

Familie: Prachtkäfer *(Buprestidae)*

Käfer: 14–16 mm; Oberseite goldgrün oder blaugrün, Flügeldecken an der Spitze dunkler mit drei gebuchteten, dicht punktierten, behaarten Querbinden. **Larve:** Augen- und fußlos, bräunliches Chitinschild auf dem ersten Brustring mit zwei parallelen Längsstreifen.

Vorkommen: An Eichen, besonders Stiel- und Korkeiche
Flugzeit: Juni/Juli
Generation: 2- bis 3jährig

Zweibindiger Eichenprachtkäfer

Ökologie: Der Käfer legt seine Eier einzeln an Maitrieben meist junger Eichen ab. Die Larve frißt anfänglich im Bast, dringt aber bald ins Holz ein und nagt in der Markröhre spiralig 1–1,5 m abwärts. Vor der Verpuppung nagt sie einen Ringel- oder Spiralgang in Splint und Bast. Der Larvengang im Bast ist mit wolkenförmigen Spänen gefüllt. Das darüber befindliche Holz stirbt ab. Die Verpuppung erfolgt im Hakengang. Das Ausflugloch des fertigen Käfers ist fast rund.

Forstliche Bedeutung: Der Schaden entsteht durch das Absterben der befallenen Pflanzenteile (Krone).

Maßnahmen: Vorbeugende Maßnahmen. Möglicher Aushieb und Verbrennen des befallenen Materials sowie rasche Abfuhr von lagerndem Stammholz.

EICHENWIDDERBOCK (*PLAGIONOTUS ARCUATUS*)

Familie: Bockkäfer *(Cerambycidae)* – **Unterfamilie:** *Cerambycinae*

Käfer: 6–20 mm; Grundfärbung braunschwarz bis schwarz; oben fein filzig gelblich behaart; Halsschild mit gelbem Vorderrand und 2 gelben, schrägen Flecken; Flügeldecken grob, dicht körnig punktiert, jede Flügeldecke mit 4–5 in einer gebogenen Längsreihe stehenden, dicht gelb behaarten Flecken.

Eichenwidderbock

Vorkommen: An Laubholzbeständen (vorwiegend Eiche; selten an Rot- und Hainbuche)
Flugzeit: Mai–Juni
Generation: 1- bis 2jährig

Ökologie: Die Käfer laufen, besonders an sonnigen Tagen, flink und spinnenartig auf Stämmen umher. Die Eiablage erfolgt in Rindenritzen anbrüchiger oder frisch gefällter Stämme bzw. auf der sonnenexponierten Seite der Stöcke. Die Larven fertigen unter der Rinde zunächst sehr lange Gänge (bei Stammholz bis zu 2 m lang) an und verpuppen sich im Hakengang, der gelegentlich mehrfach abbiegt und bis zu 12 cm lang ist. Das Ausflugloch ist queroval und glatt berandet.

Forstliche Bedeutung: Massenvermehrungen werden beobachtet, wenn reichlich Brutmaterial vorhanden ist (z.B. bei verspäteter Abfuhr gefällter Stämme). Der technische Schaden kann dann erheblich sein. Bei der Verarbeitung befallener Stämme gelangen Larven häufig mit Balken oder Parkettstäben in Neubauten; eine Weitervermehrung erfolgt hier jedoch nicht, da nur frisches Holz für die Larvenentwicklung geeignet ist.

Maßnahmen: Rechtzeitige Entrindung oder Abfuhr des Holzes. Wertvolle Sortimente chemisch schützen.

GROSSER EICHENBOCK, HELDBOCK (*CERAMBYX CERDO*)

Familie: Bockkäfer *(Cerambycidae)* – **Unterfamilie:** *Cerambycinae*

Käfer: 25–50 mm; schwarz bis schwarzbraun, matt glänzend; sehr lange Fühler,

Halsschild gerunzelt mit je einem starken Dorn auf jeder Seite, Flügeldecken nach der Spitze zu verengt und rotbraun.
Larve: Groß, fett, gelblichweiß, mit großen elliptischen Hornplatten auf den Ringen.

Vorkommen: An Eichen unter Bevorzugung überalteter oder kränkelnder Bäume
Flugzeit: Juni–Ende Juli
Generation: Meist 4jährig

Großer Eichenbock

Ökologie: Die Eiablage erfolgt in den Rindenrissen frei stehender, meist überalterter oder kränkelnder Eichen, seltener auch an anderen Laubhölzern. Die Larven leben zuerst in der Rinde, im folgenden Jahr tritt jedoch ein Platzfraß im Splint und im Bast auf. Sie fressen bis zu 5 cm in den Kern, wobei der hakenförmige Gang fingerdick und durch Ambrosiapilze schwarz gefärbt ist. Dieser Befall wird auch als „Großer schwarzer Wurm" bezeichnet.
Die Überwinterung findet als Larve oder Käfer am Ende des Holzganges in der Puppenwiege statt. Das Ausflugloch ist längsoval.

Forstliche Bedeutung: Ein Vorkommen in Österreich ist selten. Er bevorzugt wärmere Lagen, vor allem die Grenzgebiete zu Ungarn und Slowenien. Die Schäden sind physiologischer und technischer Art. Die Käfer führen auch gerne Naschfraß an Eichensäften und an gärendem, süßem Obst durch. Steht in Österreich unter Naturschutz!

Maßnahmen: Aushieb und Beseitigung des befallenen Holzes. Waldhygiene und rasche Wertholzabfuhr.

Feldmaikäfer (*Melolontha melolontha*)

Familie: Blatthornkäfer *(Scarabaeidae)*

Käfer: 25–30 mm; schwarzes Halsschild, der Hinterleib hat einen längeren spitzeren Fortsatz, die Fühler sind gekniet und beim ♂ größer und breiter als beim ♀.
Engerling: C-förmige Krümmung, fleischig gelb mit 3 gut entwickelten Brustbeinpaaren.

Vorkommen: An Laubbäumen, wie Eiche, Buche, Roßkastanie und Ahorn

Flugzeit: April/Mai
Generation: 3- bis 5jähriger Generationszyklus

Feldmaikäfer

Ökologie: Die Käfer schlüpfen im April/Mai aus und fliegen vor allem Randbäume, bis 50 Meter in den Bestand, an. Dort fressen sie die aufbrechenden Knospen bzw. die Blätter und kopulieren. Es wird ein zweiter Austrieb notwendig. Das ♀ fliegt anschließend zu einer Lichtung, wo es die Eier 15–40 cm tief in den Boden ablegt. Anschließend kehrt es in den Wald zurück, um einen Regenerationsfraß durchzuführen. Die Eiablage kann bis zu dreimal wiederholt werden. Die Engerlinge schlüpfen im Juli.

Forstliche Bedeutung: Engerlingsfraß an den Wurzeln junger Pflanzen, wobei die Larven des zweiten und dritten Jahres am gefährlichsten sind. Die kritische Zahl der Engerlinge beträgt 5 zweijährige oder 2 dreijährige/m². Großflächige Massenvermehrungen sind nur noch selten. Käferfraß führt zu Zuwachsverlusten und Mastausfall.

Maßnahmen: Bekämpfung mit chemischen Mitteln nicht sinnvoll. Statt dessen am frühen Morgen von den Fangbäumen sammeln oder Förderung der natürlichen Feinde (Schwarzwild, Dachs, Krähe, Maulwurf, Igel, Spitzmaus).

Waldmaikäfer (*Melolontha hippocastani*)

Waldmaikäfer

Familie: Blatthornkäfer *(Scarabaeidae)*

Käfer: 20–25 mm; rotbraunes Brustschild, Hinterleib mit kurzem, spitzigem Fortsatz; Fühler beim ♂ größer und breiter als beim ♀.

Ökologie vergleichbar mit dem Feldmaikäfer *(Melolontha melolontha)*.
Der Waldmaikäfer kommt jedoch auch in höheren Lagen vor.

SCHWAMMSPINNER (*LYMANTRIA DISPAR*)

Familie: Trägspinner *(Lymantriidae)*

Falter: ♀: Spannweite 50–80 mm; plumper Körperbau; Vorderflügel und Hinterflügel weißlich; die Vorderflügel besitzen vier Querstreifen; Körper dicht behaart und mit bräunlichgelber Afterwolle; ♂: Kleiner, 35–50 mm; dunkler gefärbt, schlank, mit spitz auslaufendem Ende; Fühler stärker gekämmt; ♂ und ♀ mit dunkler Saumbinde.
Eier: Gelbgrau; kugelig; mit gelbbrauner Afterwolle schwammartig bedeckt.
Raupe: 16beinig; ♀: 60–70 mm lang; ♂: 40–50 mm; schwarzer, graugelber, großer Kopf; blaue (1. bis 5. Ring) und rote (6. bis 11. Ring) Knopfwarzen; lange Haarbüschel.
Puppe: Dunkelbraun, leicht rötlich behaart, am Hinterende ein zapfenartiges Schwänzchen.

Vorkommen: An Eichen und anderen Laubhölzern
Flugzeit: Juli–September
Generation: 1jährig

Ökologie: Die ♀ fliegen nicht und bewegen sich nur schwirrend vorankriechend zur Eiablage. Diese erfolgt an der Rinde im unteren Stammbereich, bei Massenvermehrungen auch im oberen Bereich. Das Gelege ist im Gegensatz zu dem der Nonne *(Lymantria monacha)* mit Afterwolle bedeckt, was ihm ein schwammähnliches Aussehen verleiht. Sie überwintern als Ei. Im April bis Mai des darauffolgenden Jahres schlüpfen die Raupen, die zunächst in Eispiegeln (Spiegelraupen) zusammensitzen. Nach ein paar Tagen wandern sie zum Fressen in die Krone, wo sie verschwenderisch die Blätter der Eichen fressen. Die mittlere Blattrippe wird übriggelassen. Bei Gefahr oder Nahrungsmangel beginnen die Raupen zu spinnen, um sich an dem Faden hängend vom Wind verwehen zu lassen. Die Verpuppung erfolgt Anfang Juli in Rindenspalten am Stamm. Die Puppe wird von Spinnfäden gehalten. Ca. 3 Wochen später schlüpft der Falter.

Schwammspinner-Raupe

„Eischwämme" an der Rinde

Schwammspinner ♂

Schwammspinner ♀

Forstliche Bedeutung: In warmen Regionen (pannonischer Raum) aufgrund der Witterung als Massenschädling auftretend. Infolge des Kahlfraßes kommt es zu Zuwachsverlusten und Mastausfall sowie zu einer physiologischen Schwächung des Baumes. Einmalige Kalamität führt nicht zum Absterben, ein Wiederbefall sollte jedoch vermieden werden. Der Kahlfraß währt kurz und wird meist von selbst durch natürliche Feinde beendet.

Maßnahmen: Einbringen von Mischbaumarten. In Eichenreinbeständen sollte man dichte, dunkle Bestände erziehen. Einsatz biologischer Mittel. Kontrolle mittels Eigelegezählungen und Pheromonfallen.

GROSSER FROSTSPANNER (ERANNIS DEFOLIARIA)

Familie: Spanner *(Geometridae)*

Falter: ♂: Spannweite 35–40 mm; Vorderflügel gelblichbraun, rostbraun bestäubt, mit zwei dunklen Querbinden; Hinterflügel etwas heller; die Flügel weisen jeweils einen dunkelbraunen Mittelfleck auf, in Ruhe sind sie flach ausgebreitet; ♀ völlig flügellos und langbeinig

Raupe: 10beinig; 35 mm lang; rotbraun; dunkler Rückenstreifen; gelbliche Seiten; das Aussehen ähnelt trockenen Zweigen.

Puppe: Rötlichbraun, hinten zugespitzt.

Großer Frostspanner ♂

Vorkommen: An Laubhölzern, v.a. Eichen, Hainbuchen und Obstbäumen

Flugzeit: September–Oktober (in kalter Jahreszeit)

Generation: 1jährig

Ökologie: Das ♀ klettert den Baum empor, um die Eier in der Krone abzulegen. Die Eiablage erfolgt am Stamm oder an Zweigen. Dort überwintert das Ei. Die Raupen fressen von April bis Juni an Knospen, Blüten, Blättern und Früchten. Die stärkeren Blattadern werden verschont und die Blätter im Gegensatz zum Gemeinen Frostspanner *(Operophthera brumata)* nicht zusammengesponnen. Die Verpuppung findet in einem Erdkokon statt.

Forstliche Bedeutung: Der Befall führt zu Zuwachs- und Mastverlusten. Oft gemeinsames Auftreten mit dem Grünen Eichenwickler *(Tortrix viridana)*.

Maßnahmen: Einsatz biologischer Mittel v. a. im Obstbau. Kontrolle durch Abfangen der aufbaumenden ♀ mittels Leimringen (kritisch: 1 ♀ pro cm Stammumfang) oder Jungraupenzählungen an Probezweigen.

Gemeiner Frostspanner (*Operophthera brumata*)

Familie: Spanner *(Geometridae)*

Falter: ♂: Spannweite 25 mm; Vorderflügel gelblichgrau mit dunklen Wellenlinien; Hinterflügel heller, in Ruhe flach ausgebreitet; ♀: 6–8 mm lang, mit sehr kurzen bräunlichen Flügelstummeln.
Raupe: 10beinig; 25 mm lang; grünlich, mit einer dunklen Rückenlinie und seitlich hellen Längsstreifen.
Puppe: Gelblichbraun; am Hinterende zwei kleine Dornen.

Vorkommen: An Laubholz, v.a. an Eichen, Obstbäumen und Hainbuchen
Flugzeit: Oktober–November, in der kalten Jahreszeit (Idealtemperatur 5–10° C)
Generation: 1jährig

Gemeiner Frostspanner ♂

Ökologie: Der Falter fliegt in der Abenddämmerung. Das flugunfähige ♀ klettert den Baum empor, um die Eier in der Krone an dünneren Zweigen, seltener an Stämmen, abzulegen. Die Überwinterung erfolgt ebenso hier als Ei. Die Jungraupen schlüpfen mit dem Austreiben der Blätter. Sie befressen zunächst die austreibenden Knospen, später die Blätter, wobei die stärkeren Blattadern verschont bleiben. Es werden auch die Blüten (v.a. an Obstbäumen) gefressen. Die Blätter werden zum Teil zusammengesponnen. Die Verpuppung erfolgt im Juni in einem Kokon im Boden.

Forstliche Bedeutung: Während wiederholter Gradationen kommt es zu Zuwachs- und Mastverlusten bzw. zu Sekundärschädigung.

Maßnahmen: Förderung natürlicher Feinde (Vögel, Kleinsäuger, Laufkäfer, Spinnen). Kontrolle durch Abfangen der aufbaumenden ♀ mittels Leimringen (kritisch: 1 ♀ pro cm Stammumfang) sowie Jungraupenzählungen an Zweigen. In Obstplantagen Einsatz biologischer Mittel.

EICHENPROZESSIONSSPINNER (*THAUMETOPOEA PROCESSIONEA*)

Familie: Prozessionsspinner *(Thaumetopoeidae)*

Falter: Spannweite 25–30 mm; Vorderflügel grau, mit 2–3 dunkleren Querlinien; Hinterflügel hell gelblichweiß, mit einer dunkleren Querbinde; ♂ ist kleiner und hat stärker gekämmte Fühler als ♀; Falter dicht behaart; Flügel in Ruhe dachförmiger.
Raupe: 16beinig; schwärzlich-bläulich, Kopf dunkel, am Rücken rotbraune Knopfwarzen mit langen roten, brüchigen, giftigen Borsten.
Puppe: Rotbraun; 2 kurze Häkchen am Hinterleib.

Vorkommen: An Eichen, besonders Zerreiche
Flugzeit: Juli–August
Generation: 1jährig

Ökologie: Die Eiablage erfolgt plattenförmig im oberen Kronenbereich an der Rinde 1- bis 2jähriger Zweige, wobei diese mit verkitteter Afterwolle bedeckt werden. Die Überwinterung erfolgt ebenso hier als Ei. Die Raupen schlüpfen im April des darauffolgenden Jahres und benagen

Eichenprozessionsspinner

„Raupenprozession“

zunächst die austreibenden Knospen. Im fortgeschrittenen Stadium spinnen sie an geschützter Stelle, meist in Astgabeln, Nester. Diese sind am Grund mit Kot bedeckt und werden bis zu einem Meter lang. Von dort erfolgen abends Prozessionen zu den Eichenblättern, welche am frühen Morgen mit der Rückkehr ins Nest beendet werden. Die stärkeren Blattnarben werden verschont (Skelettierfraß). Die Verpuppung erfolgt in aneinanderliegenden Kokons im Nest.

Forstliche Bedeutung: Neigt zu Massenvermehrungen, wobei es zu Zuwachsverlusten und Ausfall der Mast kommt. Mehrmaliger Kahlfraß kann auch zum Absterben der Bäume führen. Gefahr als hygienischer Schädling aufgrund der Gifthaare der Raupen. Diese erzeugen auf der Haut von Mensch und Tier schmerzhafte Entzündungen und können bei Einatmung zu Atemproblemen führen.

Maßnahmen: Entfernen und Verbrennen der Nester sowie Einsatz biologischer Mittel. Als bedeutende natürliche Feinde gelten der Kuckuck, der die Puppen und Raupen frißt, sowie der Puppenräuber.

Grüner Eichenwickler (Tortrix viridana)

Familie: Wickler *(Tortricidae)*

Falter: Ca. 20 mm lang; Vorderflügel blaßgrün; Hinterflügel hellgrau; beide mit weißlichgelbem Saum.
Eier: Kreisrund; erst hellgelb, später braun; immer paarweise (Zwillingseier).
Raupe: Ca. 20 mm; grün mit schwarzem Kopf und olivfarbenem Nackenschild; Brustbeine schwarz; am Hinterende 2 schwarze Flecken; zahlreiche Warzen mit langen Haaren.
Puppe: Anfangs grün, später braun bis schwarzbraun.

Vorkommen: An Eiche, manchmal auch an anderen Laubbäumen
Flugzeit: Mai/Juni
Generation: 1jährig

Grüner Eichenwickler

Ökologie: Die Eiablage erfolgt paarweise in den oberen Kronenabschnitten im Bereich der Blattnarben an der Rinde. Sie werden in ein kittartiges Sekret eingebettet, in welchem sie auch überwintern (Diapause). Die Larven wandern zu den frisch geöffneten Knospen. Sie fressen anschließend an den

Blättern, wobei sie die Blattspitzen bevorzugen. Diese werden mit Gespinstfäden zu Blattwickeln zusammengezogen. Die Verpuppung findet im letzten Blattwickel statt.

Forstliche Bedeutung: Ein Befall führt zu Zuwachsverlusten und zum Ausfall der Mast. Aufgrund der guten Johannistriebbildung der Eiche führt auch wiederholter Kahlfraß nicht zum Absterben der Bäume. Es kommt jedoch zu Holzentwertungen infolge schlechter Wuchsformen. Gefahr besteht auch durch das Ausbleiben der Naturverjüngung und die erhöhte Schadensdisposition gegenüber Sekundärschädlingen.

Maßnahmen: Vogelschutz (Meisen etc.) und Ameisenhege. Zur Kontrolle Eizählungen. Waldhygiene.

Esche, Ulme, Ahorn, Kastanie

KLEINER BUNTER ESCHENBASTKÄFER (LESPERISINUS VARIUS)

Familie: Borkenkäfer *(Scolytidae)* – **Unterfamilie:** Bastkäfer *(Hylesininae)*

Käfer: 2,5–3 mm lang; breit – oval; mehrfarbig; keulenförmige Antennen aus 3 Segmenten; Pronotum schuppig und breiter als lang; Flügeldecken buntscheckig beschuppt.

Vorkommen: An Esche; bevorzugt frischgefällte Eschen und deren Stöcke sowie stehende, bereits geschwächte Bäume aller Altersklassen
Flugzeit: März–Mai
Generation: 1 Generation sowie Geschwisterbruten

Ökologie: Der Muttergang wird als doppelarmiger Klammergang mit jeweils 7–10 cm Länge angelegt. Die senkrechten Larvengänge sind 3–5 cm lang und dichtgestellt. Die Puppenwiegen liegen mehr oder weniger in den Splint eingesenkt. Der Reifungs- bzw. Regenerationsfraß wie auch der Überwinterungsfraß finden an der grünen Rinde von Ästen oder jüngeren Bäumen statt; dabei werden kurze, nach allen Richtungen weisende Gänge gefertigt. Durch einen wiederholten Befall erhalten diese Stellen ein „grindiges" Aussehen („Eschenrindenrose" oder „Eschengrind"). Die Überwinterung erfolgt als Käfer in der Rinde.

Forstliche Bedeutung: Befall gleichermaßen an geschlagenen Stämmen und Schichtholz sowie an lebenden Stämmen jeden Alters. Gesunde Jungbäume bis 5 cm Stammdurchmesser werden nicht angenommen. Der Befall älterer Bäume beginnt im Wipfelbereich und setzt sich nach unten fort, wodurch es zum Absterben des Baumes kommt. Bevorzugt werden Bäume, die bereits physiologisch geschwächt sind.

Kleiner bunter Eschenbastkäfer

Fraßbild in der Rinde

Maßnahmen: Bereitstellung von Fangbäumen. Waldhygiene. Förderung von natürlichen Feinden im Winter (Spechte, Kleiber an Rindenrosen, Meisen).

Eschenzwieselmotte (*Prays curtisellus*)

Familie: Schabenmotten *(Plutellidae)*

Motte: 15–17 mm Spannweite; Vorderflügel weiße Grundfarbe, am Vorderrand grauer Dreieckfleck, dunkle Flecken am Außenrand und fransig; Hinterflügel braungrau; Kopf und Thorax weiß; Abdomen braungrau.
Raupe: Erst honiggelb, später schmutziggrün; schwarze Kopfkapsel.

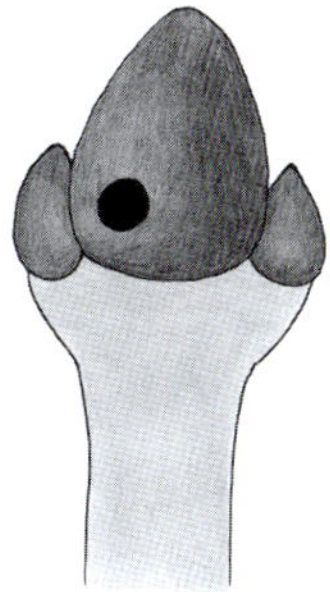

Knospe mit Eingangsloch

Vorkommen: Monophag an Esche; bevorzugt beschattete, dichtstehende junge Pflanzen
Flugzeit: 1. Generation: Juni; 2. Generation: August
Generation: Meist 2 Generationen pro Jahr

Ökologie: Die Eiablage findet an den Blättern statt. Die Raupen der 1. Generation minieren zunächst im Blatt (Gänge oder Plätze mit braunem Kot), fressen später an der Blattoberseite und verursachen letztlich einen Lochfraß. Die Verpuppung erfolgt zwischen Blättern am Boden. Die Jungraupen der 2. Generation verlassen die Minen und bohren sich zur Überwinterung in die Terminalknospe ein (Erkennung: feine Spinnfäden am Eingangsloch), welche somit ausfällt. Die beiden Seitenknospen übernehmen nun das Höhenwachstum, wodurch es zur typischen Zwieselbildung kommt. Im Frühjahr werden die Knospen ausgefressen und der Fraß an den jungen Blättern fortgesetzt. Die Verpuppung erfolgt im Juni in Gespinsten zwischen den Zweigen.

Forstliche Bedeutung: Häufige Zwieselbildung führt zu schlechten Wuchsformen.

Maßnahmen: Bei jüngeren Pflanzen Wegschneiden der befallenen Terminalknospe sowie einer Seitenknospe zur Verhinderung der Zwieselbildung. Seltener ist der Einsatz von Insektiziden.

Kleiner Ulmensplintkäfer (*Scolytus multistriatus*)

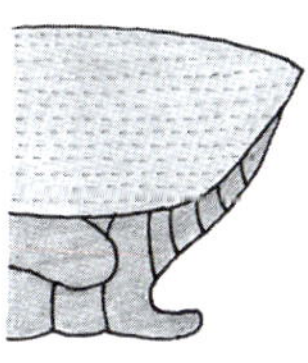

Familie: Borkenkäfer *(Scolytidae)* – **Unterfamilie:** Splintkäfer *(Scolytinae)*

Käfer: 2,0–3,8 mm; rotbraun bis schwarz; Antennen und Beine rotbraun, Halsschild dunkel mit dicht punktierter Oberfläche; Deckflügel tief und scharf punktiert, stumpf gerundet; langer Dornfortsatz mit leicht hakenhaft aufgebogener Spitze, starker Sozialdimorphismus.

Vorkommen: An allen Ulmen-Arten; bevorzugt lichte Ulmenwälder, Bestandesränder und allein stehende Bäume
Flugzeit: Mai–Juni, Ende Juli–August
Generation: In der Regel 2 Generationen pro Jahr

Fraßbild im Splintholz

Ökologie: Bevorzugt junge kränkelnde und frisch gefällte Bäume, tritt aber auch in Zweigen und schwächeren Ästen im Kronenraum von physiologisch geschwächten Altbäumen auf. Das Brutsystem ist ohne Rammelkammer. Es besteht aus engen, etwa 1,8 mm breiten und 2–7 cm langen Muttergängen, die parallel zur Stammachse verlaufen, sowie den in dichter Folge abzweigenden zahlreichen Larvengängen (mehr als 100 pro Muttergang). Typisch sind eng stehende Larvengänge mit tiefen, im Splint liegenden Puppenwiegen. Die Überwinterung ist in allen Stadien möglich. Jede zweite Generation überwintert in der Rinde. Der Reifungsfraß der Jungkäfer findet als Rinnenfraß an Zweigansatzstellen und Lochfraß an Blattstielen statt.

Forstliche Bedeutung: Schädigung von Altbäumen im Kronenraum, vor allem jedoch durch die Übertragung des Schlauchpilzes *Ophiostoma novo-ulmi* (Erreger des Ulmensterbens – Wasserleitungsbahnen werden verstopft) auf gesunde Bäume, hauptsächlich beim Reifungsfraß der Jungkäfer.

Maßnahmen: Entfernen befallener Bäume und Äste, Bereitstellung von Fangbäumen bzw. Fangästen. Chemische Bekämpfung der Jungkäfer beim Reifungsfraß.

GROSSER ULMENSPLINTKÄFER (SCOLYTUS TRIARMATUS, S. SCOLYTUS)

Familie: Borkenkäfer *(Scolytidae)* – **Unterfamilie:** Splintkäfer *(Scolytinae)*

Käfer: 3–6 mm; zylindrisch geformt, schwarz glänzendes Halsschild, rotbraune Flügeldecken, Abdomen nach oben abgeschrägt; Stirn kurz und dicht behaart.

Vorkommen: An allen Ulmen-Arten; vorzugsweise an kränkelnden und absterbenden Bäumen außerhalb geschlossener Bestände

Flugzeit: Ende Mai, Mitte–Ende August
Generation: In der Regel 2 Generationen pro Jahr

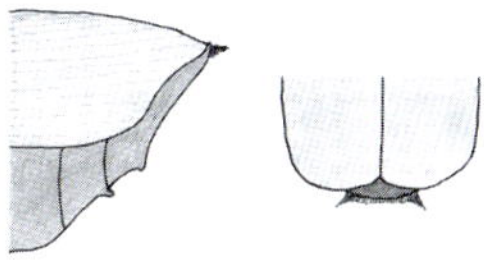

Ökologie: Brüten vorwiegend zwischen Rinde und Splint. Die Muttergänge unter der Rinde sind vertikal orientiert und deutlich kürzer (etwa 5 cm) als die zahlreichen mehr oder weniger strahlig abzweigenden Larvengänge, die 10–15 cm lang werden. Die Larven verpuppen sich unter der Rinde. Die Jungkäfer schlüpfen ziemlich früh. Sie fliegen in die Kronen gesunder benachbarter Ulmen. Der Reifungsfraß der Jungkäfer findet in Form kurzer Gänge in den Zweigachseln schwächerer Äste bzw. in Form eines Lochfraßes an den Blattstielbasen statt. Die Überwinterung ist in allen Stadien möglich.

Fraßbild im Splintholz

Forstliche Bedeutung: Vor allem durch Übertragung des Schlauchpilzes *Ophiostoma novo-ulmi,* dem Erreger des „Ulmensterbens“ (der die Wasserleitungsbahnen verstopft), auf gesunde Bäume; hauptsächlich beim Reifungsfraß der Jungkäfer.

Maßnahmen: Entfernen befallener Bäume und Äste. Bereitstellung von Fangbäumen bzw. Fangästen. Bekämpfung der Jungkäfer beim Reifungsfraß mit Hilfe von chemischen Mitteln.

GRÜNRÜSSLER (*PHYLLOBIUS ARBORATOR*)

Familie: Rüsselkäfer *(Curculionidae)* – **Unterfamilie:** Kurzrüßler *(Adelognathi)*

Käfer: 7–8,5 mm; schmal und länglich, metallisch grün; Elytren mit braun abstehenden Haaren; geflügelt.
Larve: Weiß, bauchwärts gekrümmt, augen- und beinlos; spärlich mit längeren, hellbraunen Borsten besetzt.

Vorkommen: An Ahorn und anderem Laubholz, auch auf Fichte
Flugzeit: Mai/Juni
Generation: Meist 2jährig

Ökologie: Der Käfer ist ab Mai/Juni an den Blättern verschiedener Laubholzarten zu finden. Diese werden vom Rand her angefressen, bis sie schließlich stark zerzaust und zerschlissen aussehen. Die Fraßstel-

Grünrüßler

Schadbild an den Nadeln

Larven und Fraßbild

len laufen an den Seitenrippen entlang, meist bis zur Mittelrippe. Gelegentlich werden auch Maitriebe von Fichten angenommen. Dabei frißt der Käfer nach dem Abfallen der Knospenschuppen rundliche Stellen unterhalb der Triebspitzen heraus. Die Fraßfolge ist dann ein leichtes Krümmen. Die Eiablage findet im Boden statt. Die Larven sind rhizophag, fressen also an den Wurzeln der Pflanzen, wobei sie diese nicht abbeißen, sondern nur abschälen. Sie überwintern im Boden. Erkennungsmerkmal ist das Gelbwerden der Nadeln. Zu Beginn der Verfärbung sind meist Larven festzustellen, die sich durch die geringere Größe und das Fehlen der Extremitäten von Engerlingen unterscheiden.

Forstliche Bedeutung: Bei starkem Auftreten in Pflanzgärten und Kulturen kann der Larvenfraß erheblich werden, während der Käferfraß bedeutungslos ist.

Maßnahmen: Bekämpfung mit chemischen Mitteln relativ einfach.

ROSSKASTANIENMINIERMOTTE (*CAMERARIA OHRIDELLA*)

Falter: Spannweite 8–10 mm; Vorderflügel metallischbraun mit weißen Querbändern, die teils schwarz umrandet sind; Hinterflügel schmal und spitz zusammenlaufend; beide lang befranst.
Raupe: 5 mm lang; zunächst beinahe durchsichtig, später grau gefärbt; Kot schimmert durch.
Puppe: Braun.

Vorkommen: An Roßkastanien jeden Alters, selten an Bergahorn

Flugzeit: Je nach Anzahl der Generationen; 1. Gen. Ende April–Anfang Mai; 2. Gen. Juli; 3. Gen. September
Generation: Je nach Witterung 2–4 pro Jahr

Ökologie: Die Motten sitzen bei gutem Wetter oft in großer Zahl kopfaufwärts an den Stämmen älterer Kastanien. Die Eiablage erfolgt nur auf der Blattoberseite und meist im Bereich der Seitennerven. Die Raupen minieren im Blatt. Sie fressen zu Beginn kommaartige Minen, die sie kreisförmig erweitern. Die Altlarven fressen flächig weiter, so daß 3–4 cm lange, ockerfarbige Minen entstehen, die bei Massenbefall zusammenfließen können. Die Blätter werden braun, kräuseln sich und fallen vorzeitig ab. Die Verpuppung erfolgt in einem seidigen Linsenkokon, den sie sich selbst spinnen. Die letzte Generation überwintert als Puppe in den abgestorbenen Blättern oder in der Bodenstreu. Es scheint eine echte Diapause vorzuliegen.
Am Braunwerden und Einrollen ist neben der Motte noch ein Blattbräunepilz *(Guignardia aesculi)* beteiligt. Differentialdiagnose: Die rotbraunen Pilzflecken sind jedoch im Gegensatz zu den helleren, oberseitigen Mottenminen beidseitig ausgebildet.

Forstliche Bedeutung: Die Art hat in Mitteleuropa ein sehr großes Gebiet besiedelt. Vor allem der kontinuierliche Massenbefall hat gebietsweise alle Roßkastanien eingenommen. Der optisch erschreckende Anblick, vor allem in Alleen und Parks, hat jedoch meist nur Zuwachsverluste zur Folge. Nicht selten kommt es zu einem nochmaligen Austrieb der Blätter und Blüten.

Maßnahmen: Das befallene Laub sollte im Herbst eingesammelt und entsorgt werden, wodurch es zu einer Befallsminderung kommt. In großen Alleen werden auch biologische und chemische Pflanzenschutzmittel eingesetzt. Pheromonfallen sind in Entwicklung.

Roßkastanienminiermotte

Stark befallene Blätter

Erle, Pappel, Weide

ERLENWÜRGER, BUNTER ERLENRÜSSELKÄFER (CRYPTORRHYNCHUS LAPATHI)

Familie: Rüsselkäfer *(Curculionidae)* – **Unterfamilie:** Langrüßler *(Phanerognathi)*

Käfer: 5,5–9 mm; schwarzbraun; dunkel beschuppt und sehr kurz beborstet; Halsschildseiten und letztes Drittel der Flügeldecken dicht weiß beschuppt; auf der Scheibe des Halsschildes und der Flügeldecken vereinzelt schwarze Borstenbüschel; glänzender Mittelkiel; Rüssel stark gebogen.
Larve: Weiß, bauchwärts gekrümmt, augen- und beinlos.

Vorkommen: An Erle, aber auch Weide, Pappel und Birke
Flugzeit: Ende Juli/August
Generation: Meist 2jährig

Ökologie: Die im August ausschlüpfenden Jungkäfer führen ihren Reifungsfraß (Stichfraß) an dünnrindigen Stämmen und Zweigen bis zum Kälteeintritt durch. Die Überwinterung erfolgt in Rindenritzen oder in der Streuschicht. Beim Ernährungsfraß der Jungkäfer wird unter der Rinde um das Stichloch der Bast ausgefressen, wobei die Fraßverletzung bis in den Splint reichen kann. Die Stellen schwärzen sich. Die Eiablage findet im Mai des folgenden Jahres an der Rinde junger Erlen, zumeist im unteren Stammabschnitt, statt. Die Eier überwintern. Ende März schlüpfen die Larven. Sie fressen vorerst dicht unter der Rinde längsverlaufende Gänge, später dringen sie in die Bastschicht vor, schürfen im Anschluß auch den Splint und dringen schließlich in den Holzkörper ein. Auswurf von Nagespänen. Der Larvenfraß dauert bis Ende Juli, dann erfolgt die Verpuppung im Holzkörper. Erkennung durch Aufblähen der Rinde, späteres Einsinken und Rissigwerden über den Gängen.

Erlenwürger

Fraßbild

Forstliche Bedeutung: Der Larvenfraß ruft meist beträchtlichen Schaden hervor; ganz junge Pflanzen gehen zugrunde. Bei älteren Pflanzen brechen unter Schneelast die Zweige an jenen Stellen, an denen mehrere Larven gefressen haben. Übertragung von Krankheiten (Pilzen) sowie Deformationen möglich.

Maßnahmen: Entfernen und Verbrennen der mit Larven besetzten Stöcke und Stämme. Evtl. Bekämpfung mit chemischen Mitteln.

BLAUER ERLENBLATTKÄFER (*AGELASTICA ALNI*)

Familie: Blattkäfer *(Chrysomelidae)*

Käfer: 6–7 mm; eiförmig, ziemlich gewölbt, oberseits glänzend stahlblau oder violett, mitunter grünlichblau, unterseits schwarzblau.
Larve: 10–11 mm; sechsbeinig, glänzend schwarz mit 2 Reihen schwarzer behaarter Warzen, kleiner Kopf.
Puppe: 6–7 mm; weich und zart, weißlich-hellgelb.

Vorkommen: An Erle; gelegentlich auch an Birke, Hasel, Hainbuche, Pappel und Weide
Flugzeit: Mai–Juni
Generation: 1jährig

Blauer Erlenblattkäfer

Ökologie: Der weit verbreitete Käfer befrißt das Laub vorzugsweise jüngerer Erlen. Die dottergelben Eier werden partienweise an der Unterseite der Blätter abgelegt. Die meist im Juni auskriechenden Larven skelettieren zuerst gesellig, später vereinzelt die Blätter, können aber auch die Triebe benagen. Die Verpuppung findet im Juli–August im Boden dicht unter der Oberfläche statt. Häufig findet man infolge der sich lang hinziehenden Eiablage Eier, Larven und Käfer nebeneinander. Die Jungkäfer erscheinen im September und fressen noch bis zum Frost (Löcherfraß). Die Überwinterung erfolgt in den oberen Bodenschichten, der Reifungsfraß im nächsten Frühjahr.

Forstliche Bedeutung: Zuwachsverluste. Der Käfer- und Larvenfraß kann besonders bei jungen Pflanzen im Pflanzgarten, an Böschungen und im Uferverbau sowie in Schutzwaldpflanzungen schädlich werden. Der Kahlfraß ist häufig und auffällig.

Maßnahmen: Bekämpfung mit staubförmigen oder flüssigen Fraß- und Kontaktinsektiziden möglich.

KLEINER PAPPELBOCK, ASPENBOCK (*SAPERDA POPULNEA*)

Familie: Bockkäfer *(Cerambycidae)* – **Unterfamilie:** *Lamiinae*

Käfer: 9–15 mm; walzenförmig, grünlichgrau bis dunkelbraun, spärlich behaart, auf dem Halsschild 3 gelbe Längsstreifen, auf jeder Flügeldecke 4 bis 5 gelbe Fleckchen in einer unregelmäßigen Längsreihe.
Larve: Gelblich, ähnlich dem Großen Pappelbock, aber kleiner.

Vorkommen: An Pappeln, bevorzugt Aspe; gerne an dünnen Zweigen und Heistern
Flugzeit: Ende Mai–Juli
Generation: 2jährig

Kleiner Pappelbock

Ökologie: Das ♀ legt die Eier einzeln in die Rinde, wobei es zuerst jeweils mehrere kleine Ritzen, dann einen tieferen Einschlitz und schließlich eine hufeisenförmige, nach oben offene Furche nagt, um Wucherungen anzuregen, die der auskriechenden Larve als erste Nahrung dienen. Die Junglarve ernährt sich vorerst von diesem Wundkallusgewebe, fertigt zunächst einen bogenförmigen Gang an und bohrt schließlich einen aufsteigenden Markröhrengang, an dessen Ende sie sich verpuppt. Durch die Fraßtätigkeit kommt es zu einer gallenförmigen Anschwellung der Befallsstelle. Ein kreisrundes Loch in der Mitte der Anschwellung zeigt, daß der Jungkäfer ausgeflogen ist. Die Überwinterung erfolgt als Larve.

Forstliche Bedeutung: Bedeutender Schädling in Pappelkulturen und Baumschulen. Ein Befall führt oft zu völliger Zerstörung bzw. zu schweren Mißbildungen. Befallene Äste bzw. Heister können absterben und abbrechen!

Maßnahmen: Schaffung optimaler Wachstumsbedingungen, Verwendung kräftiger, schnellwüchsiger Pflanzen, Aushieb, Heister auf den Stock setzen, Verbrennen der befallenen Teile.

Grosser Pappelbock (*Saperda carcharias*)

Familie: Bockkäfer *(Cerambycidae)* – **Unterfamilie:** *Lamiinae*

Käfer: Größte Art der Gattung (20–30 mm), oberseits gelbbraun-filzig behaart und dicht schwarz punktiert, Flügeldecken gegen die Spitze hin verschmälert und etwas klaffend.
Larve: Gelblichweiß, mit braunen Kauzangen sowie Kriechwülsten an der Ober- und Unterseite.

Vorkommen: An Pappeln; bevorzugt werden die glattrindigen unteren Stammteile jüngerer Bäume, bei älteren nur die Äste
Flugzeit: Juni–September
Generation: 2- auch 3jährig

Ökologie: Die Eier werden an jungen Pappeln, selten an Weiden (5–20 Jahre), an der glattrindigen Stammbasis, ansonsten in der Krone abgelegt. Die Ablage erfolgt in bis zur Bastschicht genagte Eischlitze. Die Eier überwintern. Die Larve frißt zuerst in flächigem Plätzefraß zwischen Bast und Splint, später beginnt sie mit der Anlage eines tief ins Holz reichenden Gangsystems. Durch spezielle Auswurflöcher wird ein Teil der Nagespäne ausgeworfen (Erkennungsmerkmal). Der untere Stammteil schwillt meist an. Im Frühjahr tritt Saftfluß auf. Die Verpuppung findet im Holz statt, der Reifungsfraß der Jungkäfer erfolgt an den Pappelblättern (große Löcher).

Forstliche Bedeutung: Bedeutend in Pappelpflanzungen. Erhöhte Befallsdisposition auf trockenen Standorten. Physiologischer Schaden an jungen Pflanzen durch Kränkeln, Pilzbefall und Bruchgefahr. Technischer Schaden durch Holzentwertung aufgrund der Larvengänge.

Maßnahmen: Bekämpfung der Käfer beim Primärfraß und bei der Eiablage im Mai (Stammfuß besprühen). Bekämpfung der Larven durch Einspritzen von Atemgiften in die Löcher, welche mit Lehm verschlossen werden. Aushieb!

Großer Pappelbock

Fraßgänge der Larve

Roter Pappelblattkäfer (Chrysomela populi)

Familie: Blattkäfer *(Chrysomelidae)*

Käfer: 6,5–8,5 mm; breit-eiförmig, schwärzlich oder grünlichblau; Flügeldecken gewölbt, ziegelrot, an der äußersten Spitze schwarz. („Roter Espenblattkäfer“ – *Melasoma tremulae* – ohne geschwärzte Spitzen).
Eier: Orangerot im Gelege, einzeln gelblichweiß.
Larve: Nach dem Schlüpfen 4–5 mm und fast schwarz; erwachsen 10–15 mm, weißlich, sechsbeinig, mit schwarzen Punktwarzen.
Puppe: Bräunlichgelb, mit regelmäßig gestellten schwarzen Punkten und Strichen.

Vorkommen: An Pappeln; auch Weiden werden angenommen
Flugzeit: Ende April–Oktober
Generation: 2–3 Generationen pro Jahr

Ökologie: Die Eiablage durch das ♀ erfolgt in 3 Perioden ab Ende April/Anfang Juni partienweise an der Blattunterseite. Nach 5–12 Tagen schlüpfen die Larven. Sie führen zunächst gesellig, später einzeln einen Skelettierungsfraß durch. Bei Beunruhigung sondern sie ein Abwehrsekret ab. Die Verpuppung findet nach 3 Wochen an den Blättern statt. Die Käfer überwintern am Boden, im Moos bzw. unter Baumrinden in der Nähe der Fraßpflanzen. Die Altkäfer sterben bald nach der Eiablage.

Forstliche Bedeutung: In jungen Pappelpflanzungen und Baumschulen häufig sehr schädlich. Bei Massenvermehrungen Kahlfraßgefahr, verbunden mit Wachstumsrückgang und Wuchsanomalien.

Maßnahmen: Auf kleinen Flächen durch Absammeln der Käfer oder Zerdrücken der Eispiegel. Gründliche Säuberung des Bodens im Winter, um überwinternde Käfer zu vernichten. Bekämpfung mit chemischen Mitteln während des zeitigen Frühjahrs.

Larve

Roter Pappelblattkäfer

Blauer Weidenblattkäfer (*Phyllodecta vulgatissima*)

Familie: Blattkäfer *(Chrysomelidae)*

Käfer: 4–5 mm; oval, längliche Gestalt, mäßig gewölbt; unten schwarz, an der Oberseite metallisch grünlichblau oder blau; die ersten 5 Fühlerglieder rotbraun; deutliche Schulterbeule; Elytren dicht punktiert.

Vorkommen: An Weiden- und Pappelarten
Flugzeit: Ab Mitte April–Oktober
Generation: 2–3 Generationen pro Jahr

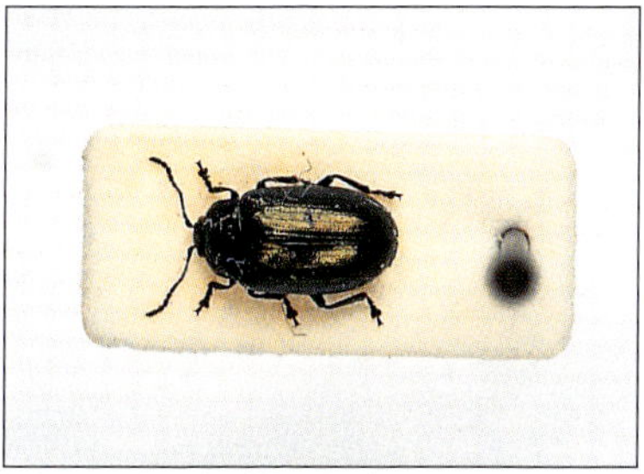

Blauer Weidenblattkäfer

Ökologie: Der Käferfraß findet zeitig im April an Blättern (Löcherfraß), Trieben oder Knospen statt. Später fressen sie auch plätzend an der Rinde. Die gelbbraunen Eier werden vom ♀ partienweise an der Blattunterseite abgelegt. Nach 7–14 Tagen schlüpfen die Larven, deren Fraß gesellig als großflächiger Skelettierungsfraß stattfindet. Die ausgewachsenen Larven lassen sich zur Verpuppung zu Boden fallen. Die Käfer der 1. Generation (Juli/August) pflanzen sich noch im selben, die Käfer der 2. Generation (September) erst im Folgejahr fort. Die Käfer überwintern im Boden oder in hochgelegenen Verstecken unter Rindenschuppen und dgl.

Forstliche Bedeutung: Starker Befall kann ganze Weidenkulturen vernichten, ansonsten kommt es zu Wachstumshemmungen, Ertrags- und Qualitätseinbußen. Auch Pappelpflanzungen können gefährdet sein. Massenvermehrungen dieser Käfer halten meist nicht länger als 2 Jahre an.

Maßnahmen: Gegen Käfer und erste Larvenstadien synthetische Insektizide.

Weidenbohrer (*Cossus cossus*)

Familie: Holzbohrer *(Cossidae)*

Falter: ♂ 70 mm, ♀ 100 mm Spannweite; plumper, dicht behaarter Körper; langer, stumpfer Hinterleib;
Vorderflügel braungrau mit schwärzlichen Querlinien; Hinterflügel braungrau; ♀ mit ausziehbarer Legeröhre;
Flügel in Ruhe dachförmig; Fühler beim ♂ mehr gekämmt als beim ♀.

Raupe: 16beinig; 10 cm lang; braunroter Rücken; unterseits gelblich; schwärzlicher Kopf und schwarzer Nackenschild; charakteristischer Holzessiggeruch.
Puppe: 45 mm lang; dunkelrotbraun mit gelbem Hinterleib; am Rücken 1–2 Reihen kurzer Dornen; befindet sich in einem aus Holzspänen gefertigten Gewebe.

Vorkommen: An Weiden, Pappeln und anderen Laubhölzern, auch an Obstbäumen
Flugzeit: Juni/Juli, auch August/September
Generation: Meist 3jährig, auch 2- oder 4jährig möglich

Ökologie: Die Eiablage erfolgt in Rindenritzen, v.a. am Stammfuß älterer, einzeln stehender, stärkerer Bäume. Die Eihäufchen werden mit einer klebrigen Substanz befestigt. Die Jungraupen fressen zunächst gemeinsam im Plätzefraß zwischen Rinde und Holz und dringen später in langen (bis zu 1m), fingerdicken Gängen in das Holz ein. Die Gänge verfärben sich allmählich schwarz. Die Bohrspäne und der Kot werden ausgeworfen (beim Großen Pappelbock nur Späne). Die Überwinterung erfolgt oft zweimalig als Raupe. Die Verpuppung findet im Holz, dicht unter der Rinde, in einer mit Holzspänen ausgepolsterten Puppenwiege statt. Vor dem Schlüpfen schiebt sich die Puppe halb aus dem Baum hervor.

Forstliche Bedeutung: In Parkanlagen, Alleen, an Obstbäumen, in Plantagen etc. kommt es zu einer technischen Entwertung, erhöhter Wind- und Schneebruchgefahr oder zum Absterben der Bäume. Überdies entstehen Eintrittspforten für holzzerstörende Pilze.

Maßnahmen: Entfernen befallener Individuen oder Einbringen abtötender Mittel mit anschließendem Verschließen der Auswurföffnungen. Evtl. Anwendung von Pheromonfallen.

Weidenbohrer

Verlassene Puppe und Falter

Pilze

Holzfäulen im allgemeinen

Es werden drei Fäuletypen – Braunfäule, Weißfäule und Moderfäule – unterschieden. Dabei kann eine Pilzart nur einen Fäuletyp bewirken.

Braunfäule

Die Braunfäule wird durch Basidiomyceten (Gruppe der Ständerpilze) hervorgerufen, die die Kohlenhydrate, Cellulose und Hemicellulosen der verholzten Zellwand abbauen und das Lignin nahezu unverändert zurücklassen. Die meisten Braunfäulepilze greifen das Nadelholz an. Braunfäule kommt am stehenden und geschlagenen Holz im Außen- und Innenbau vor. Die Pilze besiedeln das Holz zunächst über die Holzstrahlen und verbreiten sich im Längsgewebe durch die Tüpfel sowie mittels Mikrohyphen (Hyphe = röhrenförmige Einzelzelle des Pilzmyzels). Wegen des Celluloseabbaus nimmt die Dimensionsstabilität besonders axial stark ab, und durch Schwinden beim Trocknen entstehen Quer- und Längsrisse mit dem charakteristischen würfelförmigen Zerfall (Würfelbruch).

Weißfäule

Weißfäule bezeichnet den Abbau von Cellulose, Hemicellulosen und Lignin meist durch Basidiomyceten, vereinzelt auch durch Ascomyceten (Gruppe der Schlauchpilze). Überwiegend wird Laubholz angegriffen.
Es wird zwischen Simultanfäule und sukzessiver Weißfäule unterschieden. In Abhängigkeit von Pilzart und Zerstörungsgrad werden bei der Simultanfäule Kohlenhydrate und Lignin annähernd gleichzeitig abgebaut. Weißfaules Holz zeigt schwarze Demarkationslinien, durch die sich verschiedene Pilzarten oder genetisch unverträgliche Mycelien derselben Art voneinander oder Mycelien gegen das noch unbefallene Holz abgrenzen (Marmorfäule).
Bei der sukzessiven Weißfäule verläuft der Ligninabbau mit Beginn der Zersetzung rascher, so daß sich Cellulose zunächst relativ anreichert. Häufig finden sich innerhalb einer Holzprobe, umgeben von „gesundem“

Gewebe, Bereiche, in denen in der Sekundärwand „selektiv“ Lignin und Hemicellulosen abgebaut werden und der größte Teil der Cellulose verbleibt (Weißlochfäule, Wabenfäule).

Moderfäule

Im Unterschied zu den braun- und weißfäuleerregenden Basidiomyceten wachsen die Erregerpilze hauptsächlich innerhalb der verholzten Zellwand. Das Holz wird über die Holzstrahlen und Gefäße besiedelt, und die Pilze durchdringen mittels dünner Perforationshyphen die Tertiärwand und wachsen nach L-förmiger Kurve oder nach T-förmiger Verzweigung in eine oder beide Richtungen parallel zu den Mikrofibrillen in der Sekundärwand.

Krankheiten an der Fichte

WURZELSCHWAMM, „ROTFÄULE" (ERREGER: HEREROBASIDION ANNOSUM)

Vorkommen: Auf Nadelhölzern, vor allem auf Fichte. Besonders in Erstaufforstungsflächen ehemals landwirtschaftlich genutzter Böden.

Erkennung: Verursacht eigentlich eine Weißfäule, die wegen der rötlichen Verfärbung des Holzes als Rotfäule bezeichnet wird. Zu Beginn weist das befallene Holz eine graue bis violette Streifung, dann eine rotbraune, ringförmige Fäule auf, die von kleinen weißen Nestern mit schwarzem Kern durchsetzt ist. Zuletzt löst sich das Holz faserig auf und wird von anderen Organismen aufgezehrt, bis der Stamm hohl wird. Dieser weist eine flaschenförmige Verdickung und starkes Harzfließen auf. Die Fruchtkörper (ca. 15 cm breit, hellweiß, Oberseite braun gezont, mit Konsolen) finden sich am Stammgrund und an Stammrümpfen. Erst spät auftretend.

Fruchtkörper

Erreger: Saprophyt in totem, Parasit in lebendem Holz. Die Infektion und Verbreitung des Pilzes erfolgen durch mit dem Regen eingewaschene Sporen, vor allem aber durch Wurzelkontaktinfektion zwischen kranken und gesunden Bäumen. Das geschieht ohne Schwierigkeit, wenn die Wurzeln, wie häufig, miteinander verwachsen sind. Berühren sie einander, kann der Pilz aus der befallenen Wurzel hinauswachsen und in gesunde, unverletzte Wurzeln eindringen. Schäl- und Lieferschäden ziehen ebenfalls meist hohen Befall nach sich. Die keimfähigen Sporen fliegen fast das ganze Jahr über. Geraten sie auf frisches Holz (Stöcke), so keimen sie. Der Pilz breitet sich im Stammholz fast ausschließlich im Reif- oder Kernholz nach oben aus, da der Splint zu feucht ist. Die Geschwindigkeit des Vordringens in der Fichte beträgt etwa 0,3 m pro Jahr.

Maßnahmen: Zur Verminderung der Infektionsquellen können Schnittflächen der bei Durchforstungen entstehenden Stöcke mit Sporen eines unschädlichen Konkurrenzpilzes (z.B. *Peniophora gigantea*) beimpft oder mit einem Schutzmittel überstrichen werden; der Anstrich muß unmittelbar nach der Fällung erfolgen. Vermeidung von

Wurzelverletzungen. Weiters kann Wurzelkontaktinfektion durch weite Pflanzverbände und Beimischung von Laubholz erschwert werden. Allgemein vorbeugend sind das Unterlassen einer Kalkdüngung sowie die Wahl standortgemäßer, widerstandsfähiger Herkünfte.

HALLIMASCH, HONIGPILZ (ERREGER: ARMILLARIA SSP.)

Vorkommen: *Armillaria mellea* auf Laubholz. *Armillaria ostoyae* auf Nadelholz, besonders Fichte und Kiefer. Der Pilz kann sowohl in Baumschulen als auch an älteren Pflanzen auftreten, wenn diese auf gerodeten Laubholzflächen gepflanzt werden.

Erkennung: Weißfäule, Wurzelfäule, Kambialschäden. Die Pflanzen kümmern oft über mehrere Jahre, bis schließlich meist von der Spitze her die Triebe absterben. An der Stammbasis kommt es häufig zu starken Harzausscheidungen, die meist knollenartig mit Erde verklebt sind. Nach Lösen der Rinde an der Stammbasis wird zwischen Rinde und Holz eine weißliche bis gelbliche filzartige Schicht mit schwarzen, mehreren Millimeter breiten Pilzsträngen (Rhizomorphen) sichtbar, die vom Holz abgeschält werden kann (Pilzmyzel).

Fruchtkörper

Erreger: Der Pilz lebt saprophytisch auf totem Laubholz (-stöcken) und bildet auch dort spät im Herbst seine charakteristischen sandfarbenen Hüte. Mit speziellen, viele Meter langen Hyphen (Vegetationskörper der Pilze) vermag er sich von dort aus durch die oberen Bodenschichten auszubreiten. Beim Auftreffen der rötlich- bis dunkelbraunen Hyphen auf Wurzeln von Koniferen oder einiger Laubholzgewächse oder deren Wurzelhals dringen diese in die Pflanzen ein und wachsen unter der Rinde den Stamm hinauf. Die dabei entstehenden dichten, weißlichen Myzelschichten töten langsam das Rindenparenchym einschließlich der Leitungsbahnen und dem Kambium ab.

Maßnahmen: Ein wirklich brauchbares Bekämpfungsverfahren fehlt derzeit noch. Es besteht lediglich die Möglichkeit, die Widerstandskraft der Pflanzen durch geeignete Bodenvorbereitung, beste Pflanzung und Bestandespflege zu erhöhen oder wenig anfällige Baumarten, wie Douglasie, Sitkafichte, Tanne oder Lärche, auszuwählen.

Fichtennadelrost, Alpenrosenrost (Erreger: *Chrysomyxa rhododendri*)

Vorkommen: Einziger Rostpilz, der auf Fichte vorkommt (v.a. in alpinen Lagen).

Erkennung: Ähnlich dem Befallsbild des Kiefernnadelrostes. Aus der Nadel brechen orange-gelbe Äcidien heraus, aus denen die Sporen freigelassen werden. Es bleibt eine unregelmäßig aufgerissene Peridie auf der Nadel zurück. Die Nadeln verfärben sich nach dem Austrieb zonenartig gelb bis blaßgelb und fallen vorzeitig ab.

Erreger: Der Rostpilz ist wirtswechselnd mit zahlreichen krautigen bzw. verholzten Blütenpflanzen. *Chrysomyxa rhododendri* infiziert die Alpenrose. Die an den Alpenrosenblättern im Frühjahr auf den Teleutosporen gebildeten Basidiosporen vermögen wiederum nur Fichten-Arten zu infizieren. An der Alpenrose kann der Pilz „perennieren", das bedeutet, daß einmal infizierte Pflanzen stets krank bleiben.

Maßnahmen: Spritzung. Wird jedoch im Wald nicht bekämpft.

Schadbild an Fichte

Aufgerissene Peridien

Fichtennadelrost (Erreger: *Chrysomyxa abietis*)

Gerne in Christbaumkulturen, jedoch nicht so häufig.

Triebsterben der Fichte (Erreger: *Sirococcus strobilinus*)

Vorkommen: An Fichten-Arten.

Erkennung: Die Nadeln werden in der unteren Hälfte des Triebes braun und fallen ab. Die Triebspitzen werden dabei nach unten gekrümmt. Mit fortschreitender Erkrankung trocknen die Triebe ein und verlieren ihre Nadeln; lediglich an der Triebspitze bleiben letztere noch längere Zeit haften. Später entstehen auf ihnen kleine, ca. 0,1 mm große schwarze Kügelchen, aus denen bei feuchtem Wetter die Sporen in Form weißer Tröpfchen oder Ranken nach außen treten.

Typische Verzweigungsanomalie

Sporenranken

Erreger: Der Pilz wird durch Konidien verbreitet, die in kleinen Fruchtkörpern (Pyknidien) gebildet werden. Dieses ist auch gleichzeitig die Überwinterungsform.

Maßnahmen: Meiden von feuchten Lagen. Entfernen des befallenen Materials. Keine Neuanlage auf bereits verseuchten Standorten.

Blutender Schichtpilz (Erreger: *Stereum sanguinolentum*)

Vorkommen: An Fichten; die bedeutendste Pilzart bei der Entstehung der „Wundfäule".

Erkennung: Bestimmungsmerkmal ist der schüsselförmige, gelbbraune Fruchtkörper mit weiß-welligem Zuwachsrand, der meist nur an geschlagenem Holz, an der Hirnfläche, entsteht. Er ist klein, dünn, hat eine überwiegend krustenförmige, etwa 1 cm abstehende Hutkante, ist weichledrig, oben filzig und konzentrisch gezont. Die hell- bis graubraune Fruchtschicht im Fruchtkörper *(Hymenium)* färbt sich bei Verletzung blutrot (Name!).

Erreger: Der Pilz kommt neben seiner saprophytischen Lebensweise nach dem Eindringen durch Wunden auch parasitisch vor und ist die

Fruchtkörper

wichtigste Pilzart bei der Wundfäule der Fichte. Schon wenige Tage nach der Verletzung siedeln sich Sporen des Pilzes an. Von der Wunde aus breitet sich der Pilz – unter rötlicher Verfärbung des Holzes – nach oben und unten im Stamm aus, wobei hauptsächlich die jüngeren Jahrringe befallen werden.

Maßnahmen: Ursachen für einen Befall sind meist Verwundung oder physiologische Schwächung des Baumes. Durchführung von schonenden Durchforstungsmaßnahmen. Verwendung von Wundverschlußmitteln spätestens 24 Stunden nach der Wundentstehung.

KEIMLINGSFÄULE DER KONIFEREN, UMFALLKRANKHEIT (ERREGER: PHYTIUM-ARTEN)

Vorkommen: Zählt zu den häufigsten und gefürchtetsten Krankheiten im Forstpflanzgarten. Besonders gefährdet sind Koniferensämlinge.

Erkennung: Die „frühe Keimlingsfäule" spielt sich überwiegend unter der Erdoberfläche ab. Betroffen ist das Enwicklungsstadium bis zur Aufrichtung des Hypokotyls. Eine Infektion führt zu einer raschen Zersetzung des befallenen Gewebes, bevor sie die Oberfläche erreicht. Häufiger tritt 2–3 Wochen nach der Aussaat die eigentliche „Umfallkrankheit" auf. Zuerst verfärbt sich der untere Stengelteil, später knickt der Sämling unmittelbar über dem Boden um.
Die „späte Keimlingsfäule" bewirkt eine Zerstörung des bereits gefestigten Wurzelsystems. Die braun verfärbten Keimlinge bleiben meist noch lange stehen. Wird häufig für Trocken- oder Nematodenschaden gehalten.

Erreger: Der ausschließlich im Boden lebende Pilz führt unspezifisch bei zahlreichen Sämlingen zu Fäulen. Förderung des Pilzes durch organische Substanz im Boden und besonders durch einen hohen Wassergehalt desselben. Es sind ca. 30 verschiedene Pilzarten bekannt, die eine Keimlingsfäule hervorrufen können.

Maßnahmen: Feuchtigkeit nicht zu hoch halten. Sachgemäße Bodenbearbeitung, Humusversorgung und Düngung. Bei Verwendung von Kompost ist Vorsicht geboten, da er *Phytium*-Arten enthalten und somit die Beete verseuchen kann. Beim Auftreten der Krankheit sind alle Beschattungsvorrichtungen zu beseitigen. Vorbeugend vor der Aussaat Beizen des Saatgutes oder chemische Behandlung des Bodens.

Grauschimmelfäule (Erreger: *Botrytis cinerea*)

Vorkommen: Meist an 1- bis 3jährigen Sämlingen verschiedener Koniferen.

Erkennung: Junge Nadeln oder im Austrieb befindliche Triebe hängen schlaff, werden braun und vertrocknen. Erinnert stark an das Schadbild durch Spätfrost, es sind jedoch nur einzelne Triebe betroffen. Blätter und junge Triebe sterben unter Braunverfärbung ab. Auf den abgestorbenen Pflanzenteilen entsteht ein graubrauner Schimmelbelag, insbesondere bei hoher Luftfeuchtigkeit.

Erreger: Der graue Schimmelbelag besteht aus den in großen Mengen produzierten Konidienträgern und Konidien, der einzigen Verbreitungsform des Pilzes. Die Verbreitung erfolgt durch Luftströmungen. Meist besiedelt er saprophytisch bereits abgestorbenes Pflanzenmaterial; unter sehr feuchten und kühlen Bedingungen ist aber auch die Infektion junger gesunder Pflanzenorgane möglich. Überwinterung als saprophytisch wachsendes Myzel oder in Form kleiner schwarzer Sklerotien, auf denen im Frühjahr erneut Träger mit Konidien entstehen.

Maßnahmen: Vermeidung von hoher Luftfeuchtigkeit. Entfernung aller Beschattungsvorrichtungen. Entnahme des befallenen Materials. Wiederholte Spritzungen mit Fungiziden in Gewächshäusern oder Forstgärten möglich. Sonst unwirtschaftlich.

Kümmertrieb ähnlich dem Spätfrost

Myzel und Sporenköpfchen

FICHTENSCHÜTTE, FICHTENNADELRITZENSCHORF (ERREGER: LOPHODERMIUM MACROSPORUM)

Vorkommen: In 10- bis 40jährigen Fichtenbeständen.

Fichtenschütte

Erkennung/Erreger: Die Infektion führt meist noch im selben Jahr zum vollständigen Absterben der Nadeln, die dann eine hell-bräunliche bis fahl-gelbliche Färbung annehmen. Im darauffolgenden Jahr entwickeln sich zunächst Spermogonien, die anfangs als farblose, wäßrig erscheinende, später mit einem schwarzen Rand versehene, elliptische Polster auf der Nadeloberfläche erkennbar sind. Die Hysterothecien (langgestreckte, polsterförmige Fruchtkörper, die sich mit einem Längsspalt öffnen) erscheinen wenige Monate bis 1 Jahr später, erkennbar an den 2–8 mm langen, schwarz-glänzenden Wülsten auf der Unterseite der Nadeln. An der Nadelbasis wird ein schwarzer Ring angelegt.

Maßnahmen: Vorbeugende Maßnahmen bezwecken neben einer Kräftigung der Pflanzen vor allem die Ausschaltung aller Umstände, die einer Infektion förderlich sind. Dazu gehören die Erziehung kräftiger Pflanzen durch sorgfältige Bodenbearbeitung, Düngung, Saat- und Pflanzarbeit; kein Bedecken der Beete mit Reisig. Auf Kulturen: Vermeiden dichter Saaten, nicht zu enge Pflanzung, besonders an gefährdeten Stellen, Niederhalten des Gras- und Unkrautwuchses. Evt. Verwendung von Fungiziden.

SCHWARZER SCHNEESCHIMMEL (ERREGER: HERPOTRICHIA JUNIPERI, HERPOTRICHIA NIGRA)

Vorkommen: An Fichte, Kiefer, Tanne und Wacholder.
Relativ auffallend, jedoch nicht besonders bedeutend. Wird schädlich in höheren Gebirgslagen, vor allem in Birkenaufforstungen, wo sich der Pilz ausschließlich in den Hohlräumen unter der dicken Schneedecke, aufgrund der dort herrschenden hohen Luftfeuchtigkeit, entwickelt.

Erkennung/Erreger: Ein schwarzbraunes, lockeres Myzel umspinnt Zweige, oft auch ganze Bäumchen, und klebt die Nadeln und Triebe zusammen. Es entsendet stabförmige Haustorien in die Epidermiszellen und dringt durch Spaltöffnungen in das Nadelinnere ein. Die Nadeln bleiben zunächst noch grün, verfärben sich aber bald braun, sterben ab und bleiben noch längere Zeit an den Zweigen haften. Auf den abgestorbenen Nadeln entstehen kugelige, dunkle, mit krausen Haaren besetzte Fruchtkörper, die Ascosporen (sexuell entwickelte Sporen) enthalten. Mit der Schneeschmelze stellt der Pilz sein Wachstum ein, um mit Hilfe seines trockenresistenten Myzels den Sommer zu überdauern.

Maßnahmen: Umlegen der Pflanzen mit Steinplatten oder dgl., um bei Auflagerung von Schnee eine Berührung der Pflanze mit dem Boden zu unterbinden, da die Infektion vom Boden her erfolgt. Stäuben oder Spritzen mit Fungiziden, vorbeugend im Herbst.

Schwarzer Schneeschimmel

Krankheiten an der Kiefer

KIEFERNSCHÜTTE (ERREGER: LOPHODERMIUM SEDITIOSUM)

Vorkommen: An jungen Kiefern (1.–8. Jahr), in Pflanzgärten und extrem feuchten Lagen.

Erkennung: Die Nadeln bekommen ab August langsam beginnend gelbliche bis braune Flecken, die bis November zahlreicher, größer und dunkler werden, jedoch unauffällig bleiben. Im Frühjahr röten sich die Nadeln, oft plötzlich, so daß die Kultur von einem Tag zum andern „wie verbrannt" dasteht. Das Abstoßen der toten Kurztriebe erfolgt in drei Schüttewellen. Die stärkste meist im Frühjahr, schwächere im Herbst und Frühwinter.

Abgestorbene Nadeln

Erreger: Der Pilz produziert seine Verbreitungsorgane (Ascosporen und Konidien) auf den abgeworfenen Nadeln in schmalen, wenige Millimeter langen schwarzen Fruchtkörpern unter der Epidermis. Die Sporen führen im Laufe des Sommers nach Verbreitung durch Wasserspritzer, Luftströmungen und Insekten zu neuen Infektionen an den noch gesunden Nadeln. Die Überwinterung findet nach der Infektion an den Nadeln statt, ist aber auch in den abgeworfenen Nadeln in Form der Fruchtkörper möglich.

Maßnahmen: Vorbeugende Maßnahmen bezwecken neben einer Kräftigung der Pflanzen vor allem die Ausschaltung aller Umstände, die einer Infektion förderlich sind. Dazu gehören die Erziehung kräftiger Pflanzen durch sorgfältige Bodenbearbeitung, Düngung, Saat- und Pflanzarbeit; kein Bedecken der Beete mit Kiefernreisig. Auf Kulturen: Vermeiden dichter Saaten, nicht zu enge Pflanzung, besonders an gefährdeten Stellen, Niederhalten des Gras- und Unkrautwuchses. Bestandesmischung mit Laubholz. Evt. Verwendung von Fungiziden.

SCHWARZKIEFERNTRIEBSTERBEN, „SCLERODERRIS-KRANKHEIT" (ERREGER: SCLERODERRIS LAGERBERGII)

Vorkommen: An Kiefern, vor allem an Schwarzkiefer, neuerdings auch an Fichten.

Erkrankter (links) und abgestorbener Trieb (rechts)

Erkennung: Im Gegensatz zur Kiefernschütte, bei der die einzelnen Nadeln infiziert werden, erkrankt hier der ganze Trieb. Bei der Fichte wandert der Pilz über die Seitenäste in den Hauptstamm ein, der darüber liegende Kronenteil stirbt unter Verbräunung ab. Bei der Schwarzkiefer zeigen sich die ersten Symptome im Winterhalbjahr, wenn die Knospenbasis verbräunt (Querschnitt) und ein Verharzen der Knospe einsetzt. Im Frühjahr vergilben die Nadeln des einjährigen Triebes von ihrer Basis her und fallen – manchmal auch nach rötlicher Verfärbung – ab. Aus schlafenden Knospen bilden sich unterhalb der abgestorbenen Äste Ersatztriebe. Werden auch diese befallen, kann mit der Zeit der ganze Baum absterben.

Erreger: Die Infektion durch die Verbreitungsorgane, die auf den abgestorbenen Trieben gebildet werden, erfolgt während des Sommers. Die anschließende Ausbreitung des Pilzmyzels in den Knospen und einjährigen Trieben erfolgt während des Winters. Im darauffolgenden Sommer entstehen in der Rinde abgestorbener Zweige an den Nadelbasen und auf den toten Knospen kleine (ca. 0,1–0,2 mm) schwarze Fruchtkörper des Pilzes (Pyknidien), in denen die Konidien gebildet werden.

Maßnahmen: Wahl guter Standorte; nicht zu dichte Pflanzung; Meiden des Windschattens älterer Bestände, in dem sich feuchte kühle Luft lange hält; Vermeidung von Beschattung; rechtzeitige starke Durchforstung.

KIEFERNRINDENBLASENROST (ERREGER: CRONARTIUM FLACCIDUM)

WEYMOUTHSKIEFERNBLASENROST, STROBENROST (ERREGER: CRONARTIUM RIBICOLA)

Vorkommen: *Cronartium flaccidum* – an Kiefernarten; in allen Altersklassen; Schwerpunkt in 40- bis 50jährigen Beständen.
Cronartium ribicola – auf Strobe (= Weymouthskiefer), auch auf Zirbe. Wirtswechselnd mit *Ribes*-Arten (Johannisbeere).

Erkennung: An den Zweigen oder am Stamm treten über eine Länge von 10 bis 20 cm Anschwellungen und Harzausfluß über den gesamten Querschnitt auf. Aus der Rinde dieser Auftreibungen ragen im Frühsommer mehrere Millimeter weit orangegelbe, häutige Blasen heraus, die bald aufplatzen und ein gelbliches Pulver (Äcidiosporen) in großen Mengen entlassen. Die befallenen Triebe sterben meist nach dem Fruchten des Pilzes oder schon vorher ab. Dies kann sich über mehrere Jahre hinweg erstrecken, bis die ganzen Pflanzen absterben. Das von Hyphen durchwucherte Gewebe reichert sich mit Harz an – es verkient (Kienzopfbildung).

Befallener Zweig

Erreger: Die Infektion erfolgt über die Nadeln. Das Myzel wächst von dort aus durch die Rinde der Äste und Zweige in Richtung Stamm und bildet dabei jährlich – frühestens aber zwei Jahre nach der Infektion – wiederkehrend die Blasen aus. Infektionen in der Baumschule werden oft erst nach dem Verkauf bemerkt.

Maßnahmen: Ein Aushieb der befallenen Stämme mindert zwar die Zahl der Erkrankungen, verringert aber bei Allgegenwärtigkeit der Sporen nicht die Infektionsgefahr. Verzicht auf Strobe.

WEISSER SCHNEESCHIMMEL, SCHNEESCHÜTTE (ERREGER: PHACIDIUM INFESTANS)

Vorkommen: An Zirben in Hochlagenaufforstungen, die im Winter mit Schnee bedeckt sind. Nur in höheren Lagen.

Weißer Schneeschimmel

Nadeln mit Apothecien

Erkennung: Nach der Schneeschmelze tritt eine fahlgelbe Verfärbung der Nadeln auf, die bald in ein kräftiges Braunrot übergeht. Im August erhalten die Nadeln durch eine nochmalige Farbänderung vor dem Einschneien eine hellgraue Tönung. Die toten Kurztriebe bleiben noch an den Zweigen hängen und beginnen erst im darauffolgenden Sommer zögernd abzufallen. Die Erkrankung wird deshalb „Schneeschütte" genannt. Der Pilz entwickelt sich ausschließlich unter der winterlichen Schneedecke, da er hier die für sein Wachstum erforderliche hohe relative Luftfeuchtigkeit und Temperaturen von 0° C bis –5° C vorfindet. Kleine, vom Schnee ganz bedeckte Bäume sterben bereits nach dem ersten Befallsjahr ab, ältere erst nach mehreren Jahren, außer der Schaden bleibt auf die unteren Äste beschränkt.

Erreger: Die Entwicklung der Krankheit beginnt im Herbst. Die Sporen gelangen dabei noch vor dem ersten Schneefall auf die Nadeln und infizieren diese. Eine zweite Möglichkeit besteht im Übertritt von oberflächlich wachsendem Myzel von älteren Befallsstellen auf benachbarte gesunde Pflanzen. Im Laufe des Sommers werden die Fruchtkörper angelegt, die als dunkelgraue bis schwarze Punkte unter der Nadelepidermis sichtbar werden. Bei ihrer Reife im Herbst reißt die gewölbte Epidermis lappig auf und die rötlichgraue Fruchtschicht wird sichtbar.

Maßnahmen: Abschneiden und Verbrennen des befallenen Materials gleich nach der Schneeschmelze und Wahl eines höheren Pflanzenabstandes im Hinblick auf die Pilzverbreitung. Eine chemische Bekämpfung ist möglich, jedoch technisch schwierig, und wird deshalb nur in Ausnahmefällen angewandt.

KIEFERNDREHROST (ERREGER: *MELAMPSORA PINITORQUA*)

Vorkommen: An Kiefern als Hauptwirt, an Pappeln als Nebenwirt.

Erkennung: Befallen werden die Triebe ein- bis zehnjähriger Pflanzen. Die ersten Kieferntriebe beginnen sich im Frühjahr zu krümmen, da das Streckungswachstum des Triebes an der Infektionsstelle einseitig unterbrochen ist, oder es beginnen sich Wachstumsstörungen zu zeigen. Die Triebspitze richtet sich bei späterem Wachstum wieder auf, und es entsteht eine S-förmige Triebkrümmung, die meist längere Zeit erhalten bleibt. Auf den Pappelblättern bilden sich zunächst leicht chlorotische Flecken. Später (ab Juli) entstehen an denselben Stellen auf der Blattunterseite zahlreiche gelbbraune bis gelborange Pusteln (Sporenlager). Die Blätter vergilben bei starkem Befall und werden vorzeitig abgeworfen (mangelnde Assimilation). Im Herbst entstehen auf der Blattoberseite dunkelbraune Pusteln unter der Epidermis.

Sporen auf Pappelblatt

Erreger: Ein Rostpilz mit obligatem Wirtswechsel zwischen Kiefer und Pappel. Ohne Wechsel geht der Pilz zugrunde. Er bildet die Sporen zur Massenausbreitung auf Pappeln im Sommer an der Blattunterseite. Die dunklen Pusteln auf der Blattoberseite sind die Überwinterungssporen. Diese bilden im Frühjahr auf dem abgeworfenen Laub direkt die nächste Sporenform, mit denen die Kiefer infiziert wird. Dort entsteht die 4. Sporenform, die in der Lage ist, die Blätter der Pappeln zu befallen.

Maßnahmen: Zur Verhütung von Drehrostschäden in Kiefernkulturen empfiehlt sich das Entfernen von Pappeln (hauptsächlich Aspe) im Umkreis von 500 m bzw. das Entfernen des gefallenen Laubes. Generell ist auch ein Anbau von resistenten Arten möglich. Vor allem in Baumschulen sollte eine mehrmalige Anwendung von Fungiziden erfolgen, etwa ab dem Frühsommer.

SPLINTHOLZNEMATODEN (*BURSAPHELENCHUS*-ARTEN)

Vorkommen: In Österreich an verschiedenen Koniferen und Laubbaumarten nachgewiesen worden. Die gefährlichste Kiefernnematode *(Bursa-*

phelenchus xylophilus), die in Japan und China verheerende Schäden an Koniferen verursachte, wurde in europäischen Wäldern noch nicht entdeckt.

Erkennung: Die Schäden treten vorwiegend an ein- bis zweijährigen Sämlingen von Kiefer, Zirbe, Fichte und Douglasie auf. Die Wurzeln bleiben klein, zeigen blasige Auftreibungen oder knotige Verdickungen, auch Stauchungen und sekundäre Verzweigungen sowie nekrotische Stellen. Oberflächlich durch Nachlassen des Wuchses, Verfärbung der Nadeln und schließlich Absterben der Pflänzchen gekennzeichnet. Treten meist in Nestern auf, die sich rasch ausweiten können.

Erreger: Der Körper der Fadenwürmer ist drehrund, unsegmentiert und unter 1 mm bis wenige Millimeter lang. Man unterscheidet zwei Gruppen: Die eine lebt an und in Wurzeln, ihre ♀ verwandeln sich bei der Geschlechtsreife in rundliche Gebilde, die, nach dem Absterben der Tiere, als Zysten die Eier in sich bergen. Forstschädlich ist bisher meist die zweite Gruppe aufgetreten: Freilebende, sich in der oberen Bodenschicht bewegende, zeitlebens wurmförmige Nematoden (Älchen), die mit ihrem beweglichen Mundstachel die Epidermiszellen der Wurzeln anstechen und diese aussaugen.

Maßnahmen: Vermeidung von Zwischenbau nichtforstlicher Gewächse (z. B. Lupinie), die die Entwicklung der Älchen stark fördern. Einbringen von Nematiziden in den verseuchten Boden.

Krankheiten an der Tanne

TANNENKREBS, TANNENHEXENBESEN (ERREGER: MELAMPSORELLA CARYOPHYLLACEARUM)

Vorkommen: An Tannen.

Erkennung: Gegen Ende der Vegetationszeit entstehen an Trieben Anschwellungen über mehrere Zentimeter. Auf diesen treiben im folgenden Jahr zahlreiche Augen zu einem „Hexenbesen“ aus. Aus Nadeln brechen gelbe Pusteln hervor. Die Nadeln fallen frühzeitig ab. In den folgenden Jahren treten weitere Vergrößerungen des Hexenbesens und erneute Pustelbildung auf den Nadeln auf. Die Basis wird zunehmend krebsartiger. Verluste entstehen jedoch nur dann, wenn der Pilz am Hauptstamm auftritt (kropfartige Holzanschwellung – „Rädertanne“).

Erreger: Der Rostpilz ist zwar wirtswechselnd, aber das Myzel des Pilzes, das von den Basidiosporen ausgehend die Zweige infiziert hat, ist auf der Tanne perennierend. Die in den gelben Pusteln auf den Nadeln entstehenden Sporen infizieren nur *Caryophyllaceen* (Nelkengewächse).

Maßnahmen: Hygienemaßnahmen wie: Aushieb der Stämme mit Schaftkrebs. Absägen der Äste mit nahe dem Stamm sitzenden Astkrebsen, um das Einwachsen zu verhindern.

Typischer Hexenbesen

Krankheiten an der Lärche

LÄRCHENSCHÜTTE (ERREGER: MYCOSPHAERELLA LARICINA)

Vorkommen: Besonders an der Europäischen Lärche; in allen Altersklassen. Vor allem in feuchten Lagen.

Erkennung: Häufig als „Braunfleckigkeit der Lärche" bekannt. Auf den Nadeln erscheinen gehäuft kleine braune Flecken. Die erkrankten Nadeln bleiben, bevor sie ab Juli abzufallen beginnen, noch längere Zeit am Zweig haften. Ein sich jährlich wiederholender Befall kann zur Schwächung des Baumes, zu Kümmerwuchs und zum Absterben einzelner Äste führen. Verwechslungsmöglichkeiten bestehen mit Frühfrostschäden, vorzeitigem Nadelverlust durch Trockenheit und Befall durch die Lärchenminiermotte.

Nadel mit Fruchtkörper

Erreger: Auf den gebräunten Stellen der befallenen Nadeln entstehen ab Juni sehr kleine schwarze Konidienpolster (asexuell enstandene Sporen). An den abgefallenen Nadeln bilden sich im nächsten Frühjahr dunkelbraune, kugelförmige Fruchtkörper (Perithecien – sexuell entstandene Sporen). Die Neuinfektion erfolgt ab Juni durch freiwerdende Ascosporen. Der Befall nimmt von unten nach oben ab.

Maßnahmen: Kein Anbau an Orten mit hoher Luftfeuchtigkeit; starke Durchforstung; Mischung wenn möglich mit Buche, nicht mit Fichte, weil die abgefallenen Nadeln auf den Fichten liegen bleiben und so die Verbreitung der Ascosporen gefördert wird, während das Buchenlaub die abgefallenen Nadeln zudeckt und das Entweichen der Sporen nach oben erschwert.

Vergleichbar ist die „Meria-Lärchenschütte" (Erreger: *Meria laricis*). Sie verursacht Welkwerden und gelbbraune Nadelverfärbung, die in der Regel an den Nadeln der unteren Zweige beginnt und sich bis zum Wipfeltrieb ausbreitet. Tritt nur bei Sämlingen und Jungpflanzen auf.

LÄRCHENKREBS (ERREGER: LACHNELLULA WILLKOMMII)

Vorkommen: Auf Lärchen; Japanlärche ist jedoch resistent.

Erkennung: An Zweigen und Stämmen treten zunächst mehrere Zentimeter große, eingesunkene und braun verfärbte Rindenpartien auf. Diese dehnen sich aus und werden am Rand von Rindenwülsten überwallt. Es entstehen schließlich typisch offene Krebswucherungen, unter denen die Gefäße zerstört sind. Je stammumfassender die Wucherung wird, desto höher ist die Wahrscheinlichkeit des Absterbens. Am Rande werden orangefarbige, schalenförmige Fruchtkörper gebildet, deren Rand von einem weißlichen Haarfilz bedeckt ist („Spiegeleier“).

Krebsbildung an einem Stämmchen

Erreger: Der Pilz infiziert die Rinde in der Regel an der Basis von Kurztrieben, seltener auch von Langtrieben durch die Narben abgefallener Knospenschuppen. Von dort ausgehend, entsteht der Krebs. Die Verbreitung erfolgt durch Ascosporen, die in der Vertiefung der schalenförmigen Fruchtkörper gebildet und nach dem Herausschleudern aus dem Fruchtkörper durch den Wind übertragen werden. Die Bildung der Sporen ist während des ganzen Jahres möglich.

Maßnahmen: Vorbeugend wirkt eine holzartgerechte Erziehung der Lärche, also Beachtung der Standortansprüche (keine hohe Luftfeuchtigkeit – Nebellagen) und Vermeidung von zu dichtem Anbau in reinen Beständen (Luftbewegung durch den Bestand), Verzicht auf Mischung mit Fichte sowie intensive Bestandespflege. In gefährdeten Lagen Anbau der kaum anfälligen Japanlärche.

Krankheiten an der Douglasie

ROSTIGE DOUGLASIENSCHÜTTE (ERREGER: RHABDOCLINE PSEUDOTSUGAE)

Vorkommen: An Douglasien, vor allem an jüngeren Bäumen; auch an Baumschulpflanzen.

Erkennung: Die ersten Anzeichen sind hellgrüne Flecken im Sommer, die im Spätherbst einen orangegelben Farbton annehmen. Im Winter, beim ersten Frost, werden die Flecken violettbräunlich, wohingegen die gesunden Nadeln ihre grüne Farbe behalten, so daß sie wie marmoriert erscheinen. Ab April werden auf der Nadelunterseite die Fruchtkörper des Pilzes angelegt, welche nach dem Reifen (Mai bis Juli) die Epidermis aufbrechen und die Sporen nach außen lassen. Die Nadeln werden gleichmäßig braun und fallen noch im selben Jahr ab.

Erreger: Die Krankheit wird durch einen Pilz verursacht, dessen Sporen (Ascosporen) im Frühsommer die jungen Nadeln infizieren. Das Myzel des Pilzes überwintert in den Nadeln und bildet im folgenden Frühjahr die leistenförmigen orangegelben Fruchtkörper (Apothecien) auf der Unterseite der marmorierten Nadeln, von denen aus der Neuzuwachs vor allem in die Krone geht.

Maßnahmen: Die schnellwüchsigen und waldbaulich wertvollen *Viridis*-Formen der Douglasie (Küstenherkunft) werden weniger stark befallen oder gemieden (*Caesia*- und *Glauca*-Formen empfindlicher). Der Anbau resistenter Formen ist die einzige wirtschaftlich brauchbare und durchschlagende Bekämpfungsmaßnahme.

Fleckenbildung an den Nadeln

Fruchtkörper

Russige Douglasienschütte (Erreger: *Phaeocryptopus gaeumannii*)

Vorkommen: An Douglasien.

Erkennung: Die Infektion findet in der Regel von Mai bis Juni statt. Die Nadeln an den einjährigen Trieben zeigen, in zwei Längsstreifen auf der Nadelunterseite angeordnet, eine Vielzahl anfänglich durch eine Wachsschicht weiß erscheinender, später kleiner schwarzer Punkte. Im folgenden und übernächsten Jahr nimmt die Anzahl dieser schwarzen Punkte so stark zu, daß die Nadelunterseite ein rußiges Aussehen bekommt. Die Nadeln werden meist im 3. Jahr nach Verbräunung abgeworfen. Nur noch der letzte Nadeljahrgang bleibt vorhanden.

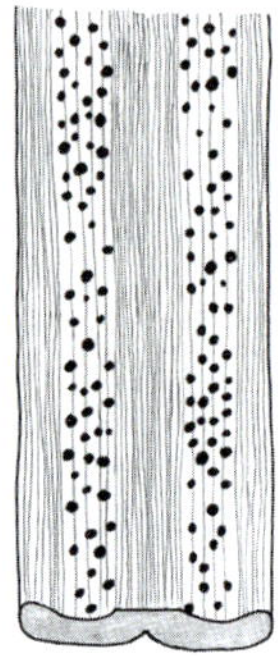

Nadelsegment mit Fruchtkörpern

Erreger: Die Infektion der jungen Nadeln durch die Ascosporen des Pilzes erfolgt etwa von Mai bis Juni durch Spaltöffnungen. Im folgenden Frühjahr treten erstmals die schwarzen kleinen Flecken auf der Nadelunterseite auf. Es handelt sich dabei um die Ascosporen enthaltenden Fruchtkörper des Pilzes. Die Sporen werden gebildet, bis die Nadeln (meist nach dem 3. Jahr) abgeworfen werden.

Maßnahmen: Es sind derzeit keine wirtschaftlich brauchbaren, durchschlagenden Bekämpfungsmaßnahmen bekannt, da alle drei Douglasienvarietäten *(Caesia, Glauca, Viridis)* in fast gleichem Maße befallen werden.

Rindenschildkrankheit (Erreger: *Phomopsis pseudotsugae*)

Vorkommen: An Nadelgehölzen, besonders an Douglasien, Tannen und Japanischer Lärche.

Erkennung: An den jungen Pflanzen sinkt die Rinde meist um eine (Ast-)Wunde herum schiffchenförmig ein und stirbt ab. Dieser Bereich vergrößert sich relativ rasch und kann zweig- oder stammumfassend werden. Als Folge davon sterben die oberhalb dieser Befallsstelle gelegenen Pflanzenteile ab. An den älteren Pflanzen bleiben diese Erscheinungen begrenzt, d.h. sie werden nicht stammumfassend, sondern 20 x 10 cm große Rindennekrosen, die von einer wulstförmig aufgeworfenen Randzone umgrenzt sind. Auf der eingesunkenen toten Rinde erscheinen ca. 0,3 mm große, schwarze Kügelchen, aus denen bei feuchtem Wetter die Konidien austreten.

Erreger: Die Erkrankung, die in der Regel von Wunden (Zweigstümpfen, Bruchstellen, Schälschäden) ausgeht, wird von einem Pilz hervorgerufen, der bei uns im allgemeinen keine Ascosporen bildet, sondern sich nur über Konidien verbreitet, die in den kleinen schwarzen Fruchtkörpern (Pyknidien) in der Rinde entstehen.

Maßnahmen: Kein Anbau von Douglasie und Japanischer Lärche an frostgefährdeten Orten. Keine Verwendung frostempfindlicher Herkünfte. Vermeiden von Dichtstand und Trockenstreß. Vermeiden von Verletzungen während der kalten Jahreszeit, also Astung und Zweigschnitt nur in Verbindung mit Wundverschlußmitteln oder zwischen März und September.

Befall mit Rindenschildkrankheit

Krankheiten an der Buche

Buchenkrebs (Nectria galligena)

Vorkommen: Vor allem an Buchen und Obstbäumen, auch an Eiche, Esche, Hainbuche, Erle, Ahorn.

Stammkrebs

Erkennung: Auf den Zweigen entstehen eingesunkene, dunkel gefärbte Rindenpartien, die sich ständig vergrößern und rissig werden. Zunächst treten kleine weiße Konidienpolster, später zahlreiche blaß- bis dunkelrote Perithecien auf, die dann mehr oder weniger stark tumorartig anschwellen (Krebs; bis metergroße Wucherungen). Dieser Prozeß kann über mehrere Jahre laufen. Wird der Krebs zweigumfassend, stirbt spätestens dann der darüber liegende Teil des Astes ab. Ab dem 2. Jahr sind in den Rissen der Tumore oft zahlreiche rote Kügelchen (Fruchtkörper) sichtbar, welche die Sporen enthalten, oder es entstehen weißliche Flocken in den Rindenrissen (Myzel mit Konidien).

Erreger: Der Pilz infiziert durch Wunden (Blattnarben oder Aststummel) mit Hilfe von Konidien und Ascosporen. Die Überwinterung findet in erster Linie als Myzel in den Krebsstellen, aber auch in Form der roten Fruchtkörper auf der Oberfläche der Tumore statt.

Maßnahmen: Bekämpfung nur durch Aushieb der kranken Stämme und durch Vermeidung von Wunden möglich.

Zunderschwamm (Fomes fomentarius)

Vorkommen: Meist an Laubbäumen, besonders an alten Buchen, auch Birke, Erle, Hainbuche.

Erkennung: Der Zunderschwamm hat mehrjährige (bis über 30 Jahre alte), im Frühsommer und Herbst wachsende dicke, große (bis 50 cm) harte Konsolen, die sich oft hoch am Stamm befinden und fest angeheftet sind. Oben ist er hellbraun bis schwärzlichgrau und wulstig gezont, unten flach mit cremefarbener bis bräunlicher Fruchtschicht *(Hymenium)* mit weißem Zuwachsrand. Unter der 1 bis 2 mm dicken, harten Kruste befindet sich das weich-zähe Fleisch des Fruchtkörpers *(Trama),* das früher zur Zundergewinnung (Name!) verwendet wurde. Pro Jahr 1 bis 3 neue Hymeniumschichten.

Konsole des Zunderschwamms

Erreger: Der Pilz dringt als Schwächeparasit über Rindenwunden oder Astabbrüche in das Holz geschwächter und alter Bäume ein. Mittels schwarzer Demarkationslinien bewirkt er im Kern Weißfäule, die sich nach außen erweitert. Nach längerem Befall kommt es zu Festigkeitsminderung des Stammes, so daß Sturmbruchgefahr besteht.

Maßnahmen: Forstwirtschaftlich zu beachten, da er bei der Buchenrindennekrose das Endstadium darstellt und schleimflußgeschädigte Bäume zum Vermeiden weiterer Wertholzverluste rasch geschlagen werden sollten. Vermag gesunde Buchen nicht anzugreifen.

BUCHENKEIMLINGSKRANKHEIT (ERREGER: *PHYTOPHTHORA CACTORUM*)

Vorkommen: An Buchenkeimlingen.

Erkennung: Auf Wurzel, Stengel und Keimblättern sowie dem ersten Laubblattpaar entstehen zunächst dunkelgrüne Flecken, die bald braun werden und faulen (bei Regenwetter) oder eintrocknen (bei trockener Witterung). Bei nur geringem Befall, auf kleinen Teilen der Keim- oder Primärblätter, kann sich die Pflanze erholen. Auch Wurzeln werden, zunächst an den Spitzen oder an Verletzungen, zerstört. (Ähnlichkeit mit Hitzetod.)

Erreger: Der Pilz überwintert oder überdauert oft mehrere Jahre mit Hilfe von Dauersporen (Oosporen) im Boden. Sie führen bei nasser Witterung über die Bildung von Zoosporen zur Infektion der Pflanzen. Bei ebenfalls feuchter Witterung entstehen auf befallenen Pflanzenorganen (aus Spaltöffnungen) sogenannte Sporangien, die zu erneuter Infektion über Zoosporen führen; dies führt zur Massenausbreitung. In abgestorbenen Keimpflanzen werden Dauerorgane (Oosporen) gebildet.

Maßnahmen: Sachgemäße Bodenbearbeitung, Humusversorgung und Düngung. Mit Verwendung von Kompost ist Vorsicht geboten, da er *Phytium*-Arten enthalten und somit die Beete verseuchen kann. Beschattungsvorrichtungen sind zu entfernen. Beizen des Saatgutes vorbeugend vor der Aussaat oder chemische Behandlung des Bodens. Bei erhöhter Erkrankungsgefahr sind eine tägliche Kontrolle der Saatbeete und das Entfernen und Verbrennen erkrankter und abgestorbener Sämlinge zu empfehlen. Verseuchte Beete sollten einige Jahre nicht mehr für Laubholzsaaten verwendet werden. Bodendesinfektion mit geeigneten chemischen Mitteln.

Keimlingskrankheit der Buche

Krankheiten an der Eiche

EICHENMEHLTAU (ERREGER: MICROSPHAERA ALPHITOIDES)

Vorkommen: An Eichen-Arten (Traubeneiche etwas weniger anfällig als die Stieleiche).

Erkennung: Sehr schädlich, scheint jedoch an besondere Empfänglichkeit gebunden zu sein (Dürre, Raupenfraß etc.). Ab Mai, besonders aber ab Juli (Johannistrieb) tritt auf beiden Seiten vorzugsweise junger Blätter und an grünen Trieben ein auffallend weißer Belag auf, der sich abwischen läßt. Die Blätter sind oft deformiert. Sie rollen sich zusammen, werden braunfleckig und welken, die Triebe kümmern und gehen zugrunde. An den Triebspitzen kommt es nicht selten zu Krüppelwuchs. Die Johannistriebe reifen nicht aus und sind daher frostempfindlich. Besonders gefährdet sind die nach Maikäfer- oder Raupenfraß gebildeten Ersatztriebe.

Mehltau auf Eiche

Erreger: Die Mehltaupilze überspinnen mit einem Geflecht (Myzel) die Blattoberfläche, dringen mit adaptierten Fäden (Haustorien) in die Blätter ein und entnehmen diesen Nährstoffe. Die Massenverbreitung erfolgt im Sommer durch Konidien, die auf dem Myzel gebildet werden. Überwintert wird als Myzel in den äußersten Schuppen der Knospen, von wo aus die Infektion der Maitriebe erfolgt.

Maßnahmen: Auf keinen Fall zurückschneiden. Durch vermehrten Knospenaustrieb wird die Krankheit begünstigt. Eine Bekämpfung ist ausschließlich in Pflanzgärten und jungen Kulturen durch gute Ernährung der Pflanzen und geeignete Bodenpflege, Wässern bei Dürre, Vermeiden von Raupenfraß und sonstigen Blattschäden sinnvoll. Evt. Fungizide.

Kranheiten am Ahorn

Ahornrunzelschorf, „Teerfleckenkrankheit“ (Erreger: Rhytisma acerinum)

Vorkommen: An Ahorn-Arten.

Erkennung: Ab Juni entstehen auf der Blattoberseite etwa 1–2 cm große, zunächst gelbliche Flecken, die zum Herbst hin schwarz werden („Teerflecken“). Die Befallsstellen sind etwas schildartig über die Blattoberfläche erhoben, leicht gefurcht bzw. mit leicht runzeliger Oberfläche. Das Blattgewebe um die Flecken herum erscheint chlorotisch (gelblich durch Chlorophyllmangel), bei starkem Befall kommt es zum Vergilben des gesamten Blattes mit nachfolgendem Blattabwurf.

Teerfleckenbildung

Erreger: Überwintert wird in Form von Ascosporen, die von einem Schlauchpilz, der im Blattgewebe wächst, auf abgefallenen Blättern in den „Teerflecken“ gebildet werden. Die Hauptfruchtform wird erst im darauffolgenden Frühjahr auf den am Boden liegenden Blättern reif. Bei hoher Luftfeuchtigkeit wird der Fruchtkörper spaltig, und die Ascosporen werden ausgeschleudert.

Maßnahmen: Nicht notwendig. Wenn die äußere Erscheinung stört, sollten die abgefallenen, schorfigen Blätter im Herbst entfernt werden.

Rotpustelkrankheit (Erreger: Nectria cinnabarina)

Vorkommen: Auf Laubbäumen, besonders Ahorn, Buche, Hainbuche, Linde, Kastanie, Ulme.

Erkennung: Es kommt zum Absterben einzelner Äste oder ganzer Astgruppen. Auf der abgestorbenen Rinde erscheinen zunächst zahlreiche hellrote bis lachsfarbene, später (oft erst im folgenden Jahr) zusätzlich dunkelrote Pusteln von unterschiedlicher Größe (ca. 1–3 mm). Kann nach strengem Winterfrost auf geschwächten Wirtspflanzen parasitär werden.

Fruchtkörper

Erreger: Die Ascosporen und Konidien des Pilzes, der an vielen Gehölzen saprophytisch und parasitisch wächst, infizieren – vom Wind transportiert – sowohl gesundes Holz durch Wunden oder aber bereits abgestorbene Astteile. Von dort wächst das Myzel dann in die gesunde Rinde und tötet diese ab. Bald darauf erscheinen die lachsfarbenen Konidienlager, später die roten Formen der Fruchtkörper mit den Ascosporen.

Maßnahmen: Vermeidung von Rindenverletzungen. Befallene Teile bis in den gesunden Bereich zurückschneiden und verbrennen. Wundverschlußmittel verwenden. Optimale Pflanzenernährung. Evtl. Stamm von Jungbäumen mit Jute umwickeln.

Wirtelpilz, Verticillium-Welke (Erreger: Verticillium albo-atrum)

Vorkommen: Am Ahorn am bedeutendsten, auch an Esche, Kastanie, Linde, Robinie und Eberesche.

Erkennung: Im Laufe der Vegetationsperiode beginnen die Blätter eines Astes oder einer gemeinsamen Astgruppe zu welken und schließlich zu vertrocknen. Die Erscheinung kann einseitig in Baumkronen auftreten. Dieselben Äste treiben im nächsten Jahr nicht aus. Im Astquerschnitt sind grünlich-bräunliche Verfärbungen zu finden, die als Flecken oder Punkte, oft ringförmig angeordnet, erscheinen.

Verfärbter Zweigquerschnitt

Erreger: Der Pilz ist ein typischer Welkenerreger, der entweder über Wunden, durch Zweig- und Wurzelschnitte entstanden, übertragen wird oder das Gefäßsystem vom Boden aus über die Wurzeln infiziert, dieses verstopft und zum Absterben aller befallenen Triebe und ihrer Verzweigungen führt. Der Pilz vermag auch in Abwesenheit seiner zahlreichen Wirtspflanzen mehrere Jahre im Boden zu überdauern.

Maßnahmen: Vermeidung von Verletzungen und hygienisches Arbeiten. Neupflanzungen sollten nicht auf Böden vorgenommen werden, die als Vorkultur Verticillium-anfällige Pflanzen getragen haben. Verwendung von Fungiziden.

Krankheiten an der Ulme

Ulmensterben, „Holländische Ulmenkrankheit“ (Erreger: *Ceratocystis ulmi*)

Vorkommen: Auf Ulmen-Arten; lebensbedrohender Faktor.

Erkennung: Als Folge eines meist plötzlich auftretenden akuten Zweigsterbens (besonders an Jungbäumen) beginnen Blätter nach dem Frühjahrsaustrieb in Teilen der Krone zu welken; sie sterben ab und hängen grün oder gebräunt, aber trocken an den Zweigen. Die Rinde der jungen Zweige verfärbt sich braun. Jüngere Pflanzen können relativ schnell vollständig absterben, ältere kränkeln oft über mehrere Jahre. Im Holz finden sich stark braunschwarz verfärbte Leitbündelstränge, vor allem im Frühholz.

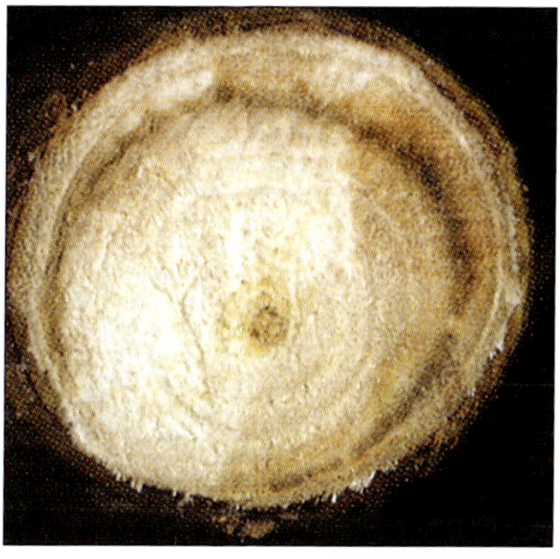

Typische Verfärbung im Holz

Erreger: Der Pilz lebt im Splint, ausgehend von den Fraßgängen des Ulmensplintkäfers, und wird auch durch diesen übertragen. Sowohl über den Verdauungstrakt als auch an den Käfern anhaftend werden Sporen (Ascosporen) und Konidien des Pilzes von den Käfern verschleppt. Sowohl beim Reifungsfraß des Käfers an jungen Zweigen in der Krone als auch beim Anlegen neuer Gänge in älterem Holz führen die mitgeschleppten Verbreitungsorgane zu neuen Infektionen. Die Ulme reagiert mit Thyllenbildung und Gummiausscheidung, wodurch das Gefäßsystem verstopft und die Wasserführung unterbunden werden. Erkrankung meist an Wirten mit Störung des Wasserhaushaltes.

Maßnahmen: Wo Abwehrmaßnahmen nötig werden, muß man sich auf die sorgfältige Bekämpfung der als Überträger in Frage kommenden Borkenkäfer (Ulmensplintkäfer – *Scolytus scolytus; S. multistriatus*) beschränken. Evtl. Ausschneiden befallener Äste. Verwendung von resistenten Züchtungen (Regal, Recerta, Sapporo Gold). Neue Pilzstämme befallen aber auch diese.

Krankheiten an der Pappel

Rindenbrand, Rindentod der Pappel (Erreger: *Cryptodiaporthe populea*)

Vorkommen: An Pappeln. Allgegenwärtiger Verursacher von Trieb-, Zweig- und Kronensterben, wann immer die Pappel Probleme mit dem Wasserhaushalt hat.

Erkennung: Auf der Rinde entstehen eingesunkene, dunkelgraue oder braune Nekrosen, innerhalb derer sich winzige Pusteln bilden, die sich meist, von Wunden ausgehend, linsenförmig ausdehnen. Die Rinde reißt dort später häufig bis auf den Holzkörper auf. Auch eine Überwallung durch umgebendes gesundes Gewebe ist möglich. Werden die Wunden zweigumfassend, stirbt der Zweig oberhalb der Wunde ab.

Erreger: Die Keimschläuche der Sporen des Mikropilzes dringen über winzige Wunden oder abgestorbene Feinzweige in größere Äste ein und verursachen die Nekrosen. Aus der abgestorbenen Rinde wachsen im Frühjahr und Sommer kleine schwarze Pyknidien (ca. 0,1 mm), aus denen weiße, bis zu wenigen Millimetern lange Ranken herausquellen können. Der Befall beginnt meist in den oberen Kronenpartien. An den abgestorbenen Ästen werden große Mengen von Sporen gebildet, die bei Regen in untere Kronenteile geschwemmt werden und die nächste Infektion hervorrufen.

Maßnahmen: Anbau wenig anfälliger Pappelsorten, sorgfältige Auswahl des Standortes. Bei Jungpflanzen: Vermeiden von Wasserverlusten beim Wintereinschlag, Transport und Pflanzen; vor dem Pflanzen Wurzeln mindestens 48 Stunden in möglichst fließendes Wasser einlegen. Beschneiden und Aufasten von Mitte April bis Mitte Mai, da die rascheste Überwallung der Schnittwunden eintritt.

Typisches Erkennungsbild

Krankheiten an der Esche

ESCHENKREBS, BAKTERIENKREBS DER ESCHE (ERREGER: *PSEUDOMONAS SAVASTANOI VAR. FRAXINI*)

Vorkommen: Auf Eschen.

Stark befallener Stamm

Erkennung: Als erstes äußeres Zeichen der Krebserkrankung zeigt die Rinde der Esche eine oft rötliche Verfärbung. Später erscheinen helle, elliptische Flecken, deren Längsachse in der Stammrichtung liegt. Die hellen Stellen dehnen sich nach außen aus, ihre Zentren heben sich und reißen in Längsspalten von unterschiedlicher Breite auf. Bei weiterem Wachstum mehren und erweitern sich die Risse, und schwarzes, verkorktes Gewebe dringt nach außen. In den Lücken entsteht ein stark mit Bakterien durchsetzter Schleim. Die Ränder sind oft gelblich bis rötlich verfärbt. Junge Krebsstellen können leicht mit dem Überwinterungsfraßbild des Eschenbastkäfers verwechselt werden. Diese Rindenwucherungen, bei denen das Kambium nicht zerstört wird, werden als „Eschenrosen“ oder „Käfergrind“ bezeichnet.

Erreger: Erreger ist ein Bakterienstamm, der häufig mit Pilzen vergesellschaftet vorkommt. Bei solchen Mischinfektionen sind die entstehenden Krebswunden meist größer als der Schaden durch die Bakterieninfektion.

Maßnahmen: Lediglich Ausschneiden möglich. Vorbeugend Schnittwerkzeug desinfizieren. Um die Ausbreitung des Bakterienkrebses möglichst gering zu halten, wird die Beseitigung der befallenen Bäume empfohlen.

Krankheiten an der Edelkastanie

KASTANIENRINDENKREBS (ERREGER: CRYPHONECTRIA PARASITICA)

Vorkommen: In Edelkastanien-Beständen.

Erkennung: Zuerst kommt es zu rötlich-braunen Rindenflecken, die später einsinken und zu Längsspalten aufreißen. Mehrjähriges Krankheitsbild, durch Aufbrechen der abgestorbenen Rinde und ein fächerförmiges, cremefarbiges Myzel zwischen Rinde und Holz gekennzeichnet. Kommt es zu astumfassenden Nekrosen, folgen Welken und Absterben des betroffenen Astes bzw. Kronenbereichs.

Erreger: Der Erregerpilz, der zu den Ascomyceten gehört, dringt als Spore durch Wunden in die Rinde bis zum Kambium ein, wobei wiederholte Überwallungsversuche des Baumes zu krebsartigen Geschwülsten führen. Auf der toten Rinde entstehen 1 bis 2 mm große, ockergelbe Pusteln aus Pyknidien (Fruchtkörper mit asexuell gebildeten Sporen) mit Konidiosporen oder aus Perithecien (Fruchtkörper mit sexuell gebildeten Sporen). Die Verbreitung erfolgt durch Wind, Regen, Insekten oder Vögel.

Maßnahmen: Anwendung von chemischen Mitteln zur Vernichtung der Stockausschläge. Wirksamer jedoch die Anpflanzung resistenter Kastanien.

Schadbild:
Typische rötlichbraune Rindenflecken, die zu Längsspalten aufreißen

Kleinsäuger

EICHHÖRNCHEN (SCIURUS VULGARIS)

Aussehen: Kopf-Rumpf-Länge 21–25 cm, Schwanz 15–20 cm, von der Basis an buschig behaart (Fallschirm beim Springen). Färbung überaus variabel. Hellgelb, rot (Sommer), aschgrau und braunschwarz (Winter). Bauchseits stets weiß. Haar- und Farbwechsel im Frühjahr und Herbst. Zahlreiche Unterarten.

Vorkommen: An Wälder mit Samenbäumen gebunden. Bevorzugt nadelholzreiche Mischwälder, in denen ständig Samen verfügbar sind. Hält sich bis ins Hochgebirge über 2.000 m auf.

Lebensweise: Tagtier, das besonders am Morgen sehr rege ist. Aktionsraum 10–50 ha. Kein ausgeprägtes Revierverhalten. Kein Winterschlaf, bleibt jedoch im Winter bei strengem Frost oft mehrere Tage im Unterschlupf (Winterruhe). Baut überdachte Nester (Kobel) auf einzelnen hohen, alten und möglichst auch hohlen Bäumen, bevorzugt auf Fichten. Schneller und sicherer Kletterer. Seine Sinne (Augen, Gehör und Geruch) sowie sein Gedächtnis sind sehr scharf. Die Paarungszeit ist im Frühjahr und dauert bis in den Sommer. Nach einer Tragzeit von 38 Tagen bringt das ♀ jährlich meist zweimal, selten bis fünfmal, im Hauptnest zwischen 3 und 8 nackte Junge zur Welt. Lebensdauer bis zu 10 Jahren.

Nahrung: Hauptnahrung sind Koniferensamen, Buchecker, Eicheln und Haselnüsse, ferner Walnüsse, Hainbuchensamen, Roß- und Edelkastanien, verschiedene Beeren, Pilze, Gallen, Blüten und Knospen von Laub- und Nadelbäumen sowie junge Rinde. Es werden auch Schnecken, Insekten, Jungvögel und sogar Eier verzehrt.

Triebverbiß durch Eichhörnchen

Ausgefressene Fichtenknospe

Schaden: Das Eichhörnchen schadet der Forstwirtschaft durch Vernichten von Samen und Keimlingen der Waldbäume, durch Ausfressen von Knospen, Abbeißen junger Triebe und Abschälen von Baumrinde. Überdies ist es ein gelegentlicher Zerstörer von Ameisennestern sowie Gelegen und Bruten nützlicher Vögel. Es nagt, im Unterschied zu Mäusen, die Zapfen nicht glatt ab, die Zapfenspindel wird übriggelassen. Durch Schälen und Ringeln der Baumrinde, vor allem an Stangenholz von Lärche, Kiefer, Tanne, Fichte, seltener an Buche, Hainbuche und Eiche, kann das Eichhörnchen besonders große Schäden verursachen. Die Schälstellen sind etwa handbreit und bis zu 40 cm lang. Sie greifen oft regelmäßig schraubenförmig bzw. spiralig um den ganzen oberen Stammteil herum.

SIEBENSCHLÄFER, BILCH (*GLIS GLIS*)

Aussehen: Größte einheimische Schläferart, eichhörnchenähnlich. Kopf-Rumpf-Länge 13–19 cm, Schwanz 11–15 cm lang, stark und buschig behaart. Augen vorstehend, groß, meistens von einem schmalen dunklen Ring umgeben. Oberseite und Flanken braungrau mit gelblicher Tönung bis rein grau. Silbriger Glanz besonders auf dem Hinterrücken. Unterseite hell.

Bilchschaden

Vorkommen: Vorwiegend Laubwaldbewohner, vor allem in Eichen-, Buchen-, Hainbuchenwäldern oder in Wäldern mit Edelkastanien und Kirschen. Als Kulturfolger auch in Parklandschaften, Obst- und Weingärten.

Lebensweise: Nachtaktiv. Sehr standorttreu, jedoch häufiger Wechsel des Verstecks innerhalb des Lebensraumes. Nistet im Sommer meist oberirdisch und zu mehreren in Baumhöhlen, Vogelnistkästen, zerklüfteten Felsen und in Gebäuden mit ruhigen Verstecken. An manchen Orten mitunter auch selbstgebaute, frei stehende Nester auf Bäumen aus Buchenblättern und Tannenzweigen oder aus Gräsern, Moos, Laub und dünnen Zweigen; ähnlich dem

Eichhörnchenkobel, jedoch kleiner. 7–8 Monate langer Winterschlaf, während dessen sich der Bilch bis zu 1,5 m tief eingräbt. Fortpflanzungsbeginn unmittelbar nach dem Erwachen aus dem Winterschlaf Ende Mai–Anfang Juni. Wurfzeiten von Anfang August bis Ende September. Jährlich nur ein Wurf mit 4–6 Jungen. Zweitwürfe nur nach sehr frühem Verlust der Jungtiere. Lebensdauer 5–8 Jahre.

Nahrung: Als Nahrung dienen vor allem Samen und Früchte, im Wald besonders Bucheckern und Eicheln, die bevorzugt halbreif abgebissen werden. Dabei wird die Fruchthülle seitlich angenagt und die Samen von der Spitze her herausgebrochen. Außerdem werden Rinde, Knospen, Lärchen- und Kiefernnadeln, im Frühjahr bevorzugt auch Keimlinge, vor allem der Buche, angenommen. Zur tierischen Nahrung zählen Schnecken, Insekten, vor allem Käfer, und gelegentlich kleine Vögel.

Schaden: Im Wald schadet der Siebenschläfer durch den Verzehr von Samen, Früchten und Keimlingen sowie durch das Abnagen von Knospen, Blättern und Kurztrieben, z.B. an der Lärche, vor allem aber durch das plätzeweise Abnagen der Rinde von Lärchen, Buchen, Kiefern und anderen Baumarten. In der Regel werden die Spiegelrinde von Stangenhölzern sowie die Wipfelregionen von Althölzern bevorzugt. Die finger- bis handbreiten Schälstellen umfassen bei Stämmen von 5–10 cm Durchmesser häufig den gesamten Stamm (waagrechte oder spiralige Ringelung). Führt zu Mehrwipfeligkeit.

Bekämpfung: Ganz allgemein ist zu berücksichtigen, daß durch Aufhängen von Vogelnistkästen sowie durch Auslegen von Vogel- und Wildfutter die Schläferdichte erhöht und damit die Schadensgefahr verschärft werden kann. Förderung von Freßfeinden, wie Baummarder, Iltis, Wildkatze, Wiesel, Uhu und andere Eulen und Taggreifvögel.

Wühlmäuse (Microtidae)

RÖTELMAUS (CLETHRIONOMYS GLAREOLUS)

Aussehen: Kleine Maus mit einer Kopf-Rumpf-Länge von 80–120 mm. Rücken rötlichbraun, Flanken graubraun oder bräunlich, Unterwolle grau, Bauch weißlich, Pfoten hell, Schwanz deutlich zweifarbig mit etwas längeren, schwarzen Haaren am Ende; relativ lang, etwa 60 % der Kopf-Rumpf-Länge. Die rötliche Rückenfärbung ist dem Fallaub der Buchenwälder gut angepaßt. In Gebirgswäldern meist dunkelgrau, außerhalb des Waldes auffällig hell.

Rötelmaus

Vorkommen: Sie ist ein typischer Buchenwaldbewohner. Vorkommen jedoch bis über 2.000 m. Tritt in Massenjahren auch im Inneren der Altbestände in großer Zahl auf. Sonst häufig in Forstkulturen mit beerentragenden Sträuchern oder mit einer üppig wachsenden Flora.

Schadbild an Tanne

Lebensweise: Vorwiegend nachtlebend. Die Fortpflanzung findet gewöhnlich im Sommerhalbjahr (Mai–Juli) statt. Die Tragzeit beträgt 18–23 Tage. Zwei bis drei Würfe pro Jahr mit 1–7, im Durchschnitt 3,5 Jungen. Geschlechtsreife bei ♀ ab 4 Wochen, bei ♂ ab 8 Wochen (rasches Anwachsen von Populationen). Lebensdauer 2–3 Jahre.

Nahrung: Die Nahrung ist sehr vielseitig, jedoch werden Samen, insbesondere Buchecker und Insekten bevorzugt. Mangel an Samen oder anderer hochwertiger Nahrung bedingt Tod oder starke Gewichtsverluste (Bevölkerungsentwicklung). Samen können teilweise durch animalische Kost oder Pilze ersetzt werden. Es überwiegt jedoch die pflanzliche Nahrung. Wenn das Angebot oder die Qualität grüner Pflanzenmasse gering ist (insbesonders im Spätherbst), wird zeitweise auch Rinde aufgenommen. In Mastjahren vorwiegend Samen (Bucheckern, Eicheln).

Schaden: Die Rötelmaus ist vor allem ein Samen- und Rindenschädling. Beim Rindenfraß werden vor allem die höheren Partien des Stammes und der Äste bis zu den feinsten Zweigenden abgenagt. Dabei greifen die Nagezähne niemals in den Splint ein. An den entrindeten Stellen bleiben stets feine Bastreste sichtbar. Schwache Furchungen des Splints sind möglich. Die Rötelmaus nimmt jedoch auch Keimlinge an, welche stets glatt über dem Boden abgebissen werden. Der Schaden vollzieht sich meist völlig unbemerkt (Juni).

Bekämpfung: Flächensprühverfahren sind gegen die Rötelmaus aufgrund ihrer Lebensweise und Nahrungsgewohnheiten nicht wirksam. Eine Bekämpfung ist nur mit Ködermitteln möglich. Freßfeinde sind Waldkauz, Fuchs, Iltis, Hermelin, Mäusebussard und Rabenvögel.

FELDMAUS (*MICROTUS ARVALIS*)

Aussehen: Der Erdmaus sehr ähnlich; Kopf-Rumpf-Länge 9–12 cm; Schwanz ca. 1/3 der Körperlänge; Rücken einfarbig dunkelgrau, braun bis hellgrau; Unterseite mit allmählichem Übergang etwas heller; Haare kurz und fein; Schwanz einfarbig; Ohren unauffällig und abgerundet, etwas aus dem Fell hervorragend.

Feldmaus

Vorkommen: Wärmeliebend. An steppenartiges Grasland mit nicht zu hoher Vegetation und ohne Moderauflage gebunden. Sekundär auf entsprechendem Kulturland. Fehlt in dicht geschlossenen Wäldern. Nur in feldnahen Forstkulturen und lichten Acker- oder Wiesenaufforstungen.

Lebensweise: Tag- und nachtaktiv. Benötigt zur Überwinterung dichte abgestorbene Vegetation, welche die Kälte abweist und gleichzeitig die Schneedecke vom Boden abhält, so daß sie durch die Hohlräume auch bei Dauerschneelage ungehinderten Zugang zur Nahrung hat. Fortpflanzung von März bis Oktober. Tragzeit 3–7mal jährlich ca. 20 Tage. Die Populationsdichte erreicht im Herbst ihr Maximum. Lebensdauer 2–3 Jahre.

Nahrung: Besteht hauptsächlich aus Wurzeln, Samen, Gräsern, Kräutern, Feldfrüchten, aber auch aus Rinde von Laub- und Nadelhölzern, besonders an durch Schnee geschützten Stellen.

Schaden: Entsteht durch unter- und oberirdischen Fraß an Kulturpflanzen (besonders Rot-, Hainbuche, Eiche und Kiefer.) Nach dem Benagen der Wurzeln wird der Stamm bis zu einer Höhe von ca. 10–15 cm befressen, die Fraßstellen weisen eine faserige Oberfläche auf.

Bekämpfung: Als Todesursachen spielen Nahrungsmangel, Freßfeinde und Artgenossen eine wichtige Rolle. Wichtigste Freßfeinde sind Mäusebussard, Turmfalke, Waldohreule, Fuchs, Mauswiesel und Hermelin.

ERDMAUS (MICROTUS AGRESTIS)

Aussehen: Lebensweise ähnlich der Feldmaus, etwas größer. Kopf-Rumpf-Länge 9–13 cm. Schwanz etwa 1/3 der Körperlänge. Rücken dunkel graubraun, Unterseite grauweiß. Fell gröber und lockerer als bei der Feldmaus, vor allem längere Leithaare auf dem Rücken, dadurch stichelhaarig; Schwanz zweifarbig, oben dunkler, unten heller.

Erdmaus

Vorkommen: Bewohnt feuchte und stark vergraste Biotope, wie Moore, Gewässerränder, Schilfgürtel, Streuwiesen und Forstkulturen, bis etwa 1.800 m. Entscheidend ist ein hoher Graswuchs mit einer Mull- oder Moderauflage (Grastunnel und Nester).

Lebensweise: Im Sommer eher nacht-, im Winter vorwiegend tagaktiv. Die Erdmaus lebt oft vergesellschaftet mit der Waldspitzmaus *(Sorex araneus)*, der Rötelmaus *(Clethrionomys glareolus)* und der Waldmaus *(Apodemus sylvaticus)*. Die Vermehrung ist eng an das körperliche Wachstum gekoppelt. Je rascher die Tiere heranwachsen, desto früher werden sie geschlechtsreif (unter günstigen Bedingungen ab einem Alter von vier Wochen). Die Fortpflanzung erfolgt ähnlich wie bei der Feldmaus. Das ♀ bringt nach einer Tragzeit von 3 Wochen jährlich 3–4mal je 4–7 nackte blinde Junge zur Welt. Lebensdauer 2–3 Jahre.

Nahrung: Besteht vorwiegend aus zarten grünen Trieben von Gräsern und Kräutern. Gut verdauliche Gräser und Kräuter mit geringem Rohfaseranteil werden im allgemeinen bevorzugt. Sämereien und tierische Kost bilden nur einen sehr geringen Anteil. Bei Nahrungsmangel wird auch Rinde angenommen.

Schaden: Wirtschaftlich bedeutende Schäden treten vor allem im Winter nach dem Abwelken der Bodenvegetation auf. Sie sind offensichtlich durch Nahrungsmangel bedingt (Anfang Oktober bis zum Frühjahr). Benagt wird vor allem die Rinde am Stammfuß junger Forstpflanzen. Dabei greifen die Nagezähne tief in den Splint ein. Vollständig geringelte Pflanzen sterben in der Regel ab. In die Wunden dringen sehr häufig Pilze und Bakterien ein. Bei hoher Schneelage gelegentlich auch Nagen an Knospen und Nadeln.

Bekämpfung: Förderung der natürlichen Feinde, wie Mäusebussard, Turmfalke, Waldohreule, Fuchs und Wiesel.

Schermaus (*Arvicola terrestris*)

Aussehen: Kopf-Rumpf-Länge 12–20 cm, Größe und Färbung sehr unterschiedlich, Fell sandfarben braun, graubraun, mittel- bis dunkel- oder schwarzbraun, oft mit rötlichem Schimmer oder tiefschwarz. Unterseite mit allmählichem Übergang hell- bis dunkelschiefergrau. Ohren im Fell versteckt. Nagezähne hervorstehend. Schwanz ½ Körperlänge.

Schermaus

Total abgenagte Wurzeln

Vorkommen: Primärbiotope sind dichtbewachsene Uferzonen langsam fließender Gewässer, jedoch keine Bindung an letztere. Fast ausschließlich unterirdisch. Wirft Erdhaufen auf, die neben den Gängen liegen und im Gegensatz zu denen des Maulwurfs flacher und in der Form unregelmäßiger verwühlt sind. Die Gänge sind geschlossen; meist in einer Tiefe von 5 cm (ca. 40 m Baulänge).

Lebensweise: Die Schermaus taucht und schwimmt gut („Wasserratte"). Die Baue werden meist von einem Familienverband bewohnt (Pärchen mit Jungtieren von einer oder zwei Generationen). Die Fortpflanzung erfolgt im allgemeinen nur in der warmen Jahreszeit. Pro Jahr 3–4mal je 2–7 Junge. Die Neugeborenen sind nackt, ihre Augen und Ohren geschlossen (Säugezeit 15 Tage). Jungtiere aus Frühjahrswürfen können noch im gleichen Jahr an der Vermehrung teilnehmen. Lebensdauer 2–4 Jahre.

Nahrung: Neben Feldfrüchten, Gemüse und auf der Erde liegendem Obst dienen vielfach auch Gras-, Kraut- und Baumwurzeln als Nahrung.

Schaden: Entsteht durch Benagen der Wurzeln von Waldbäumen, vor allem in vergrasten Forstkulturen. Zunächst werden die Seitenwurzeln von Laub- und Nadelhölzern benagt, dann die Hauptwurzel rübenartig zugespitzt. Die stark benagten Bäume stehen schief oder fallen um und können sehr leicht aus dem Boden gezogen werden. Befressen werden finger- bis armdicke Wurzeln. Bei Nadelhölzern wird in der Regel nur die Rinde benagt, bei Laubhölzern auch das Holz stark angegriffen. In beiden Fällen gehen die Stämmchen ein.

Bekämpfung: Durch Unterstützung der natürlichen Feinde, Fallenfang, Begasung oder Anwenden von Giftköderpräparaten und Einsatz von Herbiziden, um den Boden offen zu halten. Für Greifvögel können Sitzstangen als Ansitz aufgestellt, für Eulen in Waldhütten Einfluglöcher geschaffen und für Wiesel Steinhaufen als Unterschlupf angeboten werden. Fallen werden mit Äpfeln beködert.

Langschwanzmäuse (*Muridae*)

WALDMAUS (APODEMUS SYLVATICUS)

Aussehen: Kopf-Rumpf-Länge bis 11 cm; Schwanz bis 9 cm. Große, halbkugelig vorstehende Augen (Nachttier!); Schwanz etwas kürzer als Kopf-Rumpf-Länge, spärlich behaart, nackt aussehend, oberseits braun, unterseits weißlich; Oberseite braungrau, rötlich überflogen, kein Rückenstreif; Unterseite grauweiß, meist nicht scharf abgegrenzt. Vielfach ein von der Kehle ausgehender gelber Längsstrich.

Waldmaus

Vorkommen: Bevorzugt Waldränder bzw. die angrenzenden Felder, Forstkulturen und reine Nadelwälder, aber weniger das Waldinnere.

Lebensweise: Sie ist hauptsächlich in der Dämmerung und nachts unterwegs und besitzt eine außerordentliche Gewandtheit im Laufen, Springen und Klettern, macht in der Flucht mehrere große Sätze („Springmaus" genannt). Weitgehend unempfindlich gegen Kälte. Die Schwanzhaut reißt leicht ab. Fortpflanzungszeit ist Frühjahr bis Herbst. Nach einer Tragzeit von ca. 24 Tagen bringt das ♀ jährlich etwa dreimal 4–6 Junge zur Welt. Diese sind bereits nach 2 Monaten fortpflanzungsfähig. Ihre Lebensdauer beträgt 2–4 Jahre.

Nahrung: Sehr anpassungsfähig. Hauptnahrung bilden Sämereien aller Art. Daneben werden Früchte, Blüten sowie grüne und unterirdische Pflanzenteile aufgenommen. Aber auch Würmer, Insekten, Spinnen sowie nestjunge Vögel gehören zu ihrer Beute. Von ihr befressene Zapfen sind entlang der Achse glatt abgebissen, ohne Schuppenreste und am unteren Ende nicht zerfasert, sondern gleichmäßig abgerundet (Unterschied zum Eichhörnchen).

Schaden: Schäden sind der Verzehr von Waldsamen und Keimlingen. Darüber hinaus benagt die Waldmaus häufig die Zapfen von Latschen und anderen Nadelgehölzen. Ansonsten forstlich unbedeutend.

Bekämpfung: Förderung von Freßfeinden, wie Eule, Iltis, Hermelin und Katze.

GELBHALSMAUS (*APODEMUS FLAVICOLLIS*)

Aussehen: Kopf-Rumpf-Länge 9–12 cm; Schwanz ca. Körperlänge, meist etwas länger; Kehle häufig mit gelbem Querband oder gelbem Fleck; Rücken braun; Flanken gelblich; Unterseite heller weiß oder grau.

Gelbhalsmaus

Vorkommen: Lebt vorwiegend in Laubwäldern ohne oder mit spär-licher Krautschicht am Boden, vor allem in älteren Buchen- und Eichenwäldern, gelegentlich auch in Parks. In den Alpen auch in freiem Gelände.

Lebensweise: Vorwiegend in der Dämmerung und nachts nicht nur am Erdboden, sondern auch im Kronenraum hoher Bäume aktiv. Sehr guter Kletterer und Springer. Flieht meist nach oben. Klettert zur Überwinterung häufig in Häuser. Fortpflanzung stark nahrungsabhängig. Tragzeit 2–3mal jährlich 3 1/2 Wochen. Die durchschnittliche Lebenserwartung beträgt 2–4 Jahre.

Nahrung: Sie besteht vor allem aus Früchten von Laubbäumen, aber auch aus Samen und Früchten von Sträuchern, Nadelhölzern, Kräutern und Gräsern. Die Früchte werden häufig schon im Stadium der Milchreife auf den Bäumen benagt. Teilweise auch tierische Reste.

Schaden: Vernichtet vor allem Waldsamen und Keimlinge. Die noch unverholzten Keimlinge verschiedener Waldbäume nagt die Gelbhalsmaus ähnlich wie die Rötelmaus glatt und knapp über dem Boden ab. Die Verluste können je nach Dichte beträchtlich sein.

Bekämpfung: Förderung von Freßfeinden, wie Eule, Iltis, Hermelin und Katze.

Möglichkeiten der Mäusebekämpfung

Ökonomische und ökologische Interessen verlangen sehr oft eine integrierte Mäusebekämpfung, bei der durch ein Zusammenwirken von biologischen, mechanischen und chemischen Bekämpfungsmethoden eine tunlichst optimale Verbindung zwischen wirtschaftlichen Aspekten und größtmöglicher Umweltschonung erreicht werden soll.

Biologische Möglichkeiten

Einerseits durch waldbauliche Maßnahmen, wie z.B. Bevorzugung von Naturverjüngung, Vermeidung einer zu dichten Schlagflora sowie Vergrasung von Kulturen, und andererseits durch Schonung von Tag- und Nachtgreifvögeln, Wieseln, Füchsen und anderen natürlichen Feinden können die Populationsdichten bedeutend gemindert werden.

Mechanische Möglichkeit

Wenn auch aufwendig, zählt der Fang mit verschiedenen Fallentypen nach wie vor, vor allem jedoch in Baumschulen, zu den brauchbaren Bekämpfungsmöglichkeiten. Als Köder hat sich Erdnußmus bestens bewährt. Wühlmäuse sind schwer zu fangen, Fallenwitterung und Köder machen sie mißtrauisch.

Bekämpfung mit Mäusebekämpfungsmitteln *(Rodentizide)*

Diese Art der Bekämpfung sollte nur dann durchgeführt werden, wenn Prognosearbeiten eine so hohe Mäusedichte aufzeigen, daß akute Schadensgefahr besteht. Durch die Verwendung von Blutgerinnungshem-

mern sind die Rodentizide für die anderen Organismen der Biozönose unbedenklich geworden.
Der günstigste Zeitraum für eine Mäusebekämpfung ist der Herbst (ab Oktober), wenn der Mäusebesatz seinen Höhepunkt erreicht hat. Das Abwelken der Bodenvegetation führt für die kleinen Nager zu einem Nahrungsengpaß, wodurch die Köderpräparate besser angenommen werden. In dieser Zeit erfolgt auch die Zuwanderung aus den landwirtschaftlichen Biotopen.

Weitere typische Mausfraßbilder

Mäuseschaden an Buche (links) und Zirbe (rechts)

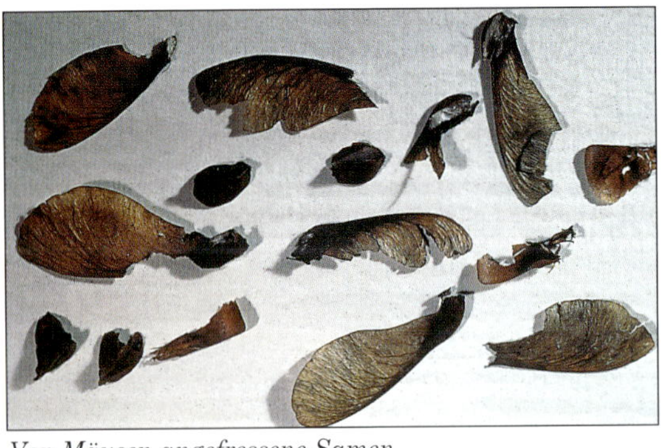

Von Mäusen angefressene Samen

Fachausdrücke

Abdomen: Hinterleib
Äcidien: becherförmige Sporenlager der Rostpilze
Apothecien: becher- oder schüsselförmiger Fruchtkörper der Ascomyceten
Ascomyceten: durch sack- oder schlauchförmige Sporenschläuche ausgezeichnete Schlauchpilze, in denen die Ascosporen entstehen
Ascospore: sexuell entstandene Spore
Basidiospore: auf sexuellem Wege entstandene und an einer Basidie gebildete, haploide Spore
Bast: liegt außerhalb des Holzteiles bzw. Kambiums
Caput: Kopf der Insekten
Chlorose: gelbliche bis weißliche Allgemeinverfärbung im Zusammenhang mit Chlorophyllabbau
Destruent: Abbauer von organischem Material
Diapause: herabgeminderter Stoffwechsel und infolge dessen ein fast völliges Stocken der Entwicklung, wobei Temperatur und andere Außenfaktoren nicht allein verantwortlich gemacht werden können
Disposition: Empfänglichkeit gegenüber einem Krankheitserreger
Elytren: chitinig versteifte Deckflügel (bei Käfern)
Eonymphe: nicht schlüpfbereite Vorpuppe ohne Puppenaugen (bei Blattwespen) – Ggs. Pronymphe
Geschlechtsdimorphismus: Zweigestaltigkeit, verschiedene Körperanhänge bei ♂ und ♀
Geschwisterbrut: zweite Brut eines Weibchens in einem Jahr
Hämolymphe: Blut bei den Insekten
Haustorien: Saughyphen, die zwecks Nahrungsaufnahme in Wirtszellen eindringen
Heister: Laubhölzer, die eine Höhe von 1,50 Meter überschritten haben – Starkheister ab 2,50 Meter Höhe
Hemimetabola: Insekt mit unvollkommener Verwandlung (Ei – Larve – Imago), wobei die Larve dem Imago bei jeder Häutung ähnlicher wird
Holometabola: Insekt mit vollkommener Verwandlung (Ei – Larve – Puppe – Imago), wobei die Larve dem Imago sehr unähnlich ist
Holozyklus: Generationswechsel bei Blattlausarten
Hymenium: oft von sterilen Hyphen durchsetzte Fruchtschicht, bestehend aus fertigen Zellen
Hyphe: meist langgestreckter Pilzfaden, bestehend aus einer oder mehreren Zellen
Hypokotyl: Stengelabschnitt zwischen Wurzel und Keimblatt
Hysterothecien: langgestreckte, polsterförmige Fruchtkörper (der Ascomyceten), die sich mit einem Längsspalt öffnen

Konidien: ein- oder mehrzellige, asexuell entstandene Verbreitungsorgane (Sporen)
Mandibeln: Vorder- oder Oberkiefer
Mesothorax: Mittelbrust
Metamorphose: Verwandlung der äußeren Körperform bzw. der Entwicklungsstadien
Metathorax: Hinterbrust
monogam: einweibig
Myzel: Pilzgeflecht; vegetatives Stadium eines Pilzes, bestehend aus zahlreichen sterilen Hyphen
Nekrose: Kollabieren von Zellen bzw. lokaler Zell- oder Gewebetod; äußerlich durch braune, bisweilen weißliche Verfärbung der Zellen erkennbar (Wunde)
Oosporen: dickwandige Dauerspore, die aus befruchteten Eizellen hervorgegangen ist
Parthenogenese: Jungfernzeugung – Eizellen sind auch ohne Befruchtung entwicklungsfähig
perennieren: einmal infizierte Pflanzen bleiben krank
Peridie: meist aus derben Hyphen bestehende äußerste Zellschicht bei Fruchtkörpern oder Sporenlagern
Perithecien: kugelförmige Fruchtkörper der sexuellen Phase von Ascomyceten mit scheitelförmiger Mündung
Pheromonfalle: mit verschiedensten Duftmitteln bestückte Fallen, die zum Insektenfang (Kontrolle bzw. Bekämpfung) dienen
physiologischer Schaden: ist im Gegensatz zum technischen Schaden ein Schaden, der zum Absterben eines Baumes führt oder zumindest den Stoff- und Energiewechsel erheblich beeinträchtigt
polygam: mehrweibig
Primärschädling: befällt einen gesunden Baum – Ggs. Sekundärschädling
Pronymphe: schlüpfbereite Vorpuppe mit Puppenaugen bei Blattwespen – Ggs. Eonymphe
Prothorax: Vorderbrust
Pyknidien: ungeschlechtlich entstandener, kugeliger oder flaschenförmiger Fruchtkörper mit apikaler Öffnung, in dessen Innerem Konidien ausgebildet werden
Rammelkammer: Hochzeitszimmer am Anfang des Mutterganges (bei Borkenkäfern)
Regenerationsfraß: Fraßperiode zur erneuten Reifung der Geschlechtszellen bei ♂ und ♀
Reifungsfraß: Fraßperiode, die der Ausreifung der Geschlechtsorgane dient – oft sehr unterschiedliche Fraßbilder gegenüber dem Brutfraß
rhizophag: Wurzeln fressend
Rhizomorphe: zum Nährstoff- und Wassertransport dienende, wurzelähnliche, sterile Myzelstränge
Saprophyt: sich von organischer bzw. abgestorbener Substanz ernährender Organismus
Schadensdisposition: Empfänglichkeit gegenüber verschiedensten Schäden

Sekundärschädling: Schädling an einem bereits anderwertig geschwächten (z.B. Klima, Primärschädling) Baum

Skelettierfraß: zwischen den Blattadern wird Blattsubstanz herausgefressen – Blattrippen bleiben erhalten

Sklerotien: Überdauerungsorgane; von einer harten, pseudoparenchymatischen Rindenschicht umgebenene kompakte Myzelbildung unterschiedlicher Form

Spanpolsterpuppenwiege: Puppenlager aus grobgeraspelten Holzspänen

Spermogonien: aus haploiden Zellen (einfacher Chromosomensatz) gebildete Fruchtkörper, in denen einkernige Spermatien gebildet werden

Sporangien: spezialisierte, sporenbildende Zellen bilden bewegliche oder unbewegliche Sporen

Stigma: Außenöffnung der Luftröhren

symbiontisch: in Symbiose lebend

Symbiose: Zusammenleben von verschiedenen Arten, bei dem beide Partner aus dem gegenseitigen Verhältnis Nutzen ziehen

technischer Schaden: Schaden, der die technische Verwendbarkeit des Holzes beeinträchtigt (z.B. in verbautem Holz)

Teleutosporen: dickwandige Dauersporen bei Rostpilzen, in denen die Kernverschmelzung durchgeführt wird

Thorax: Brust

Thylle: blasenartige Auftreibung einer Tüpfelschließhaut; wächst in angrenzende Gefäße und verstopft diese

Toment: feine Chitinbehaarung (ähnlich einem Polster)

Tracheen: Luftröhren der Insekten

Virgines: im Generationszyklus der Blattläuse eingeschlechtlich geborene und sich in gleicher Weise fortpflanzende Individuen

Vollkerf: fertig entwickeltes Insekt

Wipfeltrocknis: Austrocknen des Baumes vom Wipfel her

Zoosporen: im Wasser frei bewegliche, ungeschlechtlich entstandene, nackte und begeißelte Zellen

Verwendete Literatur

Ammann G., Kerfe des Waldes, Naturbuch Verlag, Augsburg 1995

Ammann G., Säugetiere und Kaltblüter des Waldes, Naturbuch Verlag, Augsburg 1991

Bosch G. / Kurz M., Tiere und Pflanzen in Wald, Feld und Flur, Naturbuch Verlag, Augsburg 1999

Braun A., Taschenbuch der Waldinsekten, Band 1, Systematik und Ökologie, Gustav Fischer Verlag, Stuttgart 1976

Butin H., Krankheiten der Wald- und Parkbäume, Georg Thieme Verlag, Stuttgart 1989

Grosser D., Bau- und Werkholzschädlinge, DRW-Verlag, Leinfelden 1985

Grüne S. Handbuch zur Bestimmung der europäischen Borkenkäfer, Verlag M. & H. Schaper, Hannover 1979

Menzinger W. / Sanftleben H., Parasitäre Krankheiten und Schäden an Gehölzen, Verlag Paul Parey, Berlin 1980

Novak V., Hrozinka F., Stary B., Atlas schädlicher Forstinsekten, Ferdinand Enke Verlag, Stuttgart 1986

Perny B., Cech Th., Donaubauer E., Tomiczek Ch., Krankheiten und Schädlinge in Christbaumkulturen, Forstliche Bundesversuchsanstalt, Wien 1996

Schimitschek E., Die Bestimmung von Insektenschäden im Walde, Verlag Paul Parey, Hamburg 1955

Schmutzenhofer H., Insektenspuren an berindetem Nadelholz, Agrarverlag, Wien 1985

Schwenke W., Die Forstschädlinge Europas, Band 1, Hemimetabole Insekten, Verlag Paul Parey, Hamburg 1972

Schwenke W., Die Forstschädlinge Europas, Band 2, Käfer, Verlag Paul Parey, Hamburg 1972

Schwenke W., Die Forstschädlinge Europas, Band 3, Schmetterlinge, Verlag Paul Parey 1972

Schwenke W., Die Forstschädlinge Europas, Band 4, Haut- und Zweiflügler, Verlag Paul Parey 1972

Schwenke W., Die Forstschädlinge Europas, Band 5, Wirbeltiere, Verlag Paul Parey 1986

Schwerdtfeger F., Waldkrankheiten, Verlag Paul Parey, Hamburg 1970

Tomiczek Ch., Cech T., Krehan H., Perny B., Krankheiten und Schädlinge an Bäumen im Stadtbereich, Eigenverlag Christian Tomiczek, Wien 2000

Zuber M., Die wichtigsten Forstinsekten der Schweiz, Hochschulverlag ETH Zürich, Zürich 1993

Bildquellennachweis

Fotos am Titelbild:
Markus Auer ol, or; **Leopold Stöger** ul; **Stefan Ebner** ur

Grafiken:
Stefan Ebner, Feldkirchen i. K.: 15, 16o, 42o, 44o, 46, 75, 76, 79, 80, 81, 82, 83, 107, 116, 131, 133, 164

Fotos im Textteil:
Forstliche Bundesversuchsanstalt, Wien: 44ol, 52ur, 62ol, 65ur, 66ur, 67, 71, 73, 79r, 82, 83, 96or, 97ur, 100or, 101r, 102r, 106r, 108, 109, 111ul, 111ur, 112r, 124, 127r, 135r, 142r, 146, 147, 148r, 149r, 151, 152, 165, 167, 169, 170, 171, 173, 174, 175, 176, 178, 181, 182, 183, 184, 185, 186, 188

Thomas Cech, Wien: 148 l, 149 l, 150, 153, 154, 155, 156, 157, 160, 161, 162, 163, 166, 168

Bernhard Perny, Wien: 158

Hannes Krehan, Wien: 179

„Krankheiten und Schädlinge in Christbaumkulturen“: 49ur, 64ur, 77, 134ul, 134or

Leopold Stöger, Bruck/Mur: 48, 49ol, 54or, 58, 59, 60, 70u, 72, 78, 80r, 96ul, 115, 140

Markus Auer, Graz: 16u, 42u, 43, 44ul, 44ur, 46, 47, 49ul, 51, 52ol, 52ul, 53, 54ol, 54m, 54u, 55, 56, 57, 61, 62or, 62ul, 62ur, 63, 64ul, 65ul, 66ul, 68, 69, 70o, 75, 76, 79l, 80l, 84, 85, 86, 87, 88, 89, 90, 91, 92, 93, 94, 95, 96ol, 97ul, 98, 99, 100ol, 100ul, 101 l, 102 l, 103, 104, 105, 106 l, 110, 111ol, 112 l, 114, 117, 118, 119, 120, 121, 122, 123, 125, 126, 127 l, 128, 130, 132, 133, 134ol, 135 l, 136, 137, 138, 139, 141, 142 l

Andreas Scherer, Beschling: 17

Register der lat. Namen

Register der dt. Namen

Anhang

ESCHENTRIEBSTERBEN *(Erreger: asexuelles Stadium: Mikrapilz Chalara fraxinea; Verbreitung durch sexuelles Stadium: Hymenoscyphus pseudoalbidius – Falsches Weißes Stengelbecherchen)*

Vorkommen: Betroffen sind Eschen aller Altersklassen, unabhängig von Verjüngungsart, Mischungsform und Standortmerkmalen.

Welkende Blätter einer absterbenden Pflanze (© Thomas Kirisits, IFFF-BOKU Wien)

Abgestorbene Zweige und Bildung von Ersatztrieben und Wasserreisern (© Thomas Kirisits, IFFF-BOKU Wien)

Erkennung: Im Frühstadium der Krankheit treten kleine, lokale Rindennekrosen an Trieben und Zweigen auf. Die Nekrosen weiten sich aus und führen zum Absterben der Triebe und Zweige. Es kommt noch während der Vegetationszeit zu welkenden Blättern, die sich später braun bis schwarz verfärben, vertrocknen und meist lange am Baum hängen bleiben. An länger abgestorbenen Astteilen bilden sich Fruchtkörper verschiedener Pilzarten. Charakteristisches Erscheinungsbild erkrankter Bäume sind abgestorbene Triebe, Äste und Zweige in allen Altersklassen, büschelige Belaubung und die intensive Bildung von Ersatztrieben und Wasserreisern. Jungbäume sterben meist ab. Bei Altbäumen können Nekrosen mitunter abgegrenzt und überwallt werden. Vereinzelt wurde jedoch auch schon deren Absterben beobachtet.

Erreger: 2009 wurden in der Schweiz zwei Hymenoscyphus-Arten entdeckt. Zum einen wurde das seit Langem bekannte „Weiße

Stengelbecherchen" (*Hymenoscy phus albidius*) – ein holzzersetzender Schlauchpilz vor allem auf Eschenblattspindeln und -stielen – und zum anderen der Erreger des Eschentriebsterbens – nämlich das sexuelle Stadium vom asexuellen Mikropilz *Chalara fraxinea*, den mit dem wissenschaftlichen Namen beschriebenen *Hymenoscyphus pseudoalbidius* (Falsches Weißes Stengelbecherchen) – nachgewiesen. Beim *Hymenoscyphus pseudoalbidius* handelt es sich aufgrund der Aggressivität sehr wahrscheinlich um einen eingeschleppten Krankheitserreger, ausgehend von Polen.

Kleine Rindennekrosen im Frühstadium (© Thomas Kirisits, IFFF-BOKU Wien)

Die Übertragung erfolgt durch die in den schüsselförmigen, sogenannten Apothezien des „Falschen Weißen Stengelbecherchens" produzierten Ascosporen, die von Juni bis Oktober auf verrottenden Blattspindeln in der Bodenstreu gebildet und durch die Luft, zum Teil über große Distanzen, übertragen werden.

Der Pilz besiedelt zuerst die Blattspindeln und verursacht dort ein Absterben des Gewebes sowie Blattwelke und kann schließlich über die Blätter in den Trieb einwachsen. Möglicherweise sind direkte Triebinfektionen möglich.

Maßnahmen: Die abgefallenen Blätter und Blattspindeln müssten entweder verbrannt, vergraben, eingeackert oder mit Erde abgedeckt werden. Aus forstlicher Sicht ist eine „saubere Waldwirtschaft" mit der Beseitung von bruttauglichem Material wahrscheinlich nur zur Vermeidung eines Befalles durch den Eschenbastkäfer (*Leperesinus varius*, siehe S.130) sinnvoll sowie die Fällung von Alteschen zur Ver meidung von Qualitäts- und damit Wertverlusten, vor allem durch holzzerstörende Pilze und Holzverfärbungen. Zur Verhinderung von Schäden an Menschen bzw. Sachgütern durch herabfallende Äste, müssen befallene Eschen regelmäßig kontrolliert und allenfalls entfernt werden.

Gesunde oder schwach befallene Eschen sollten gefördert werden, da es möglich erscheint, dass es Eschen mit hohem Resistenzniveau gegenüber der Krankheit gibt. Es ist jedoch damit zu rechnen, dass die waldbauliche Bedeutung der Esche überdacht werden muss.